W0269868

Referenten: Professor Dr. Zimmer
Professor Dr. Hesse

ISBN 978-3-662-31470-8   ISBN 978-3-662-31677-1 (eBook)
DOI 10.1007/978-3-662-31677-1

Sonderabdruck aus
„Zeitschrift für Morphologie und Ökologie der Tiere"
Band 23, Heft 1/2

Meinem lieben Vater

Inhaltsübersicht.

A. Einleitung.

Unter Arbeiten, die sich mit Bau und Funktion der Isopodenmundwerkzeuge beschäftigen, finden sich in älterer Zeit nur die von SCHIÖDTE (12): Krebsdyrenes sugemund. In dieser Abhandlung werden vorzugsweise heute zur Familie der Cymothoidae gestellte Isopoden behandelt. Es wird darin die Lage der Mundwerkzeuge zueinander und ihre Funktion erörtert. Dabei geht der Autor von Formen mit beißenden Mundwerkzeugen als den ursprünglichen aus und wendet sich dann zu solchen, die ein parasitisches Leben führen und deren Mundwerkzeuge als „saugend" bezeichnet werden. Doch wird bei seiner mehr allgemein gehaltenen Untersuchung auf Einzelheiten wenig eingegangen. Vor allem wird die Muskulatur der Kopfgliedmaßen fast gar nicht beachtet. Bei den parasitischen Formen zeigt SCHIÖDTE, wie durch das Zusammenliegen der Mundwerkzeuge ein Haustellum gebildet werde, aber er dringt nicht dahin vor, zu untersuchen, wie der Vorgang des Saugens und ob ein solcher überhaupt zustande kommt, ob also die Mundwerkzeuge der Äginen und Cymothoinen wirklich als „saugende" und nicht vielleicht als „schlürfende" anzusprechen seien.

In späterer Zeit sind die Funktionsverhältnisse der Mundwerkzeuge bei den Cymothoinen und deren Art der Nahrungsaufnahme nicht mehr untersucht worden, während die Kenntnis der Morphologie der Gliedmaßen durch HANSEN (5, 6, 7, 8) eine bedeutende und fast erschöpfende Ausgestaltung erfuhr.

In neuerer Zeit erschien die Gnathiidenmonographie von MONOD (10), die sich auch mit deren Larven, den parasitisch lebenden Pranizae, beschäftigt und unsere bisher ziemlich geringen Kenntnisse über die Art ihrer Nahrungsaufnahme, die Lage ihrer Mundwerkzeuge und deren Deutung sehr reichlich vermehrt hat. Es zeigt sich zwar beim Vergleich der MONODschen Studien an den Gnathiidenlarven und dem, was wir über den Saugapparat der parasitischen Cymothoiden wissen, daß ein bedeutender konstitutioneller Unterschied zwischen diesem und dem der Pranizae besteht, doch funktionell lassen sich manche Übereinstimmungen aufweisen. MONOD hat auch über den Saugapparat anderer parasitischer Isopoden, der Anthuriden, Epicarideen und Flabelliferen Untersuchungen angestellt, in dem er ihn mit dem der Gnathiidenpranizae verglich. Doch enthalten diese Betrachtungen, zumal bei den parasitischen Flabelliferen, den Cymothoiden, die uns im folgenden besonders beschäftigen sollen, nur allgemeine Erwägungen und fassen das Wissen zusammen, das zur Zeit der Abfassung von MONODS Arbeit über diesen Fragenkomplex vorlag.

Nach den genannten Untersuchungen über die Mundwerkzeuge und ihre Funktion bei Isopoden aus der Familie der Cymothoiden steht fest, daß bei den nichtparasitischen und den parasitischen Formen die Kopfgliedmaßen ihrer Ernährungsweise gemäß sehr verschieden gebaut sind. Die der nichtparasitischen Formen sind als „beißende" oder „kauende" Mundwerkzeuge festgestellt, ohne daß bisher weitere Einzelheiten bekannt wären. Die Mundgliedmaßen der parasitischen Cymothoidae wurden meist als „saugend" bezeichnet, ohne daß wirklich die Aufnahme der Wirtssäfte durch ein Saugen seitens jener Tiere nachgewiesen war. Die allgemeine Morphologie der einzelnen Kopfgliedmaßen ist durch die Untersuchungen der oben angeführten Autoren bis auf kleine Einzelheiten festgestellt. Zum Teil, so bei den Cirolaninen und Äginen, kennen wir auch ihre Zusammensetzung aus den Einzelstücken, die sich mit Elementen der ursprünglichen Spaltfüße homologisieren lassen. Ferner ist die Lage der Mundwerkzeuge zueinander untersucht worden, ohne daß daraus andere als allgemeine Folgerungen gezogen wurden.

Aufgabe der nachstehenden Untersuchungen soll es sein, zunächst weitere Einzeltatsachen zur Morphologie der Mundgliedmaßen herbeizuschaffen, die besonders bei einer nicht wie bisher vorwiegend vergleichend-morphologischen, sondern mehr auf die Funktionsverhältnisse gerichteten Betrachtungsweise zu erwarten sind. Ferner soll die Erklärung der bisher festgestellten Eigenheiten in der Ausbildung der Mundwerkzeuge durch die Untersuchung der ihnen jeweils zukommenden Sonderfunktion beim Erwerb und Zerkleinerung der Nahrung versucht werden. Um möglichst einwandfreie Resultate zu erzielen, wird die gesamte die Bewegung der Kopfgliedmaßen bewirkende Muskulatur und ihre Ansatzstellen untersucht werden müssen. In noch weiterem Umfange als bei den nichtparasitischen Formen wird bei den parasitischen auf eine Muskulatur zu achten sein, die an den Vorderdarm ansetzt und ihn möglicherweise zum Saugen geeignet macht. Denn aus der äußeren Morphologie der sogenannten „saugenden" Mundgliedmaßen allein kann man auf ein wirkliches Saugen gar nicht schließen, sondern leicht zu der Annahme kommen, worauf schon ZIMMER (19) hinwies, daß ihre Funktion eher lediglich in der Einschränkung des Umfanges der dem Wirtstiere geschlagene Wunde und der möglichst vollständigen Ableitung der herausfließenden Säfte zur Mundöffnung bestehe. Weiterhin sind bei den parasitischen Cymothoiden noch Fragen über die Verfestigung der Mundwerkzeuge aneinander zum Zwecke der Bildung des sogenannten Saugrohres zu klären, soweit sie die Abhandlung Schiödtes (12) offen läßt, und schließlich bleibt bei den daraufhin bislang noch nicht untersuchten parasitischen Formen festzustellen, wie weit und in welcher Weise auch für ihre Mundgliedmaßen die von Hansen (5) für die Mehrzahl der Cirolaniden festgestellten Einzelelemente zu erkennen und zu homologisieren sind.

B. Material und Methoden.

Das Material, das meinen Untersuchungen zugrunde lag, bestand aus Vertretern der zu der Unterfamilie Cirolaninae gehörigen Gattungen: *Cirolana* Leach und *Eurydice* Leach, aus Vertretern der zur Unterfamilie der Äginae gehörigen Gattungen *Aega* Leach und *Rocinela* Leach und schließlich aus solchen der Genera *Anilocra* Leach, *Ceratothoa* Dana, *Cymothoa* Fabricius, und einigen anderen, die zur Unterfamilie der Cymothoinae gehören. Die erstgenannte Unterfamilie umfaßt nichtparasitisch lebende Formen, die beiden anderen Parasiten.

Die Anregung zu dieser interessanten Untersuchung gab mir Herr Professor Dr. Zimmer, dem ich dafür sowie für seine dauernde freundliche Anteilnahme und Förderung und für die Überlassung eines Arbeitsplatzes am Zoologischen Museum zu Berlin auch an dieser Stelle von Herzen danken möchte. Für die Überlassung von Material schulde ich Herrn Professor Dr. Schellenberg, dem Kustos der Crustaceenabteilung des Berliner Zoologischen Museums, großen Dank. Er stellte mir in freundlichster Weise besonders aus der Ausbeute der Deutschen Südpolarexpedition 1901—1903 Exemplare der großen Cirolaninenformen zur Verfügung, auch sonst verdanke ich ihm für meine Arbeit vielfach Förderung. Ferner danke ich Herrn cand. mag. Stephensen vom Zoologischen Museum in Kopenhagen für Überlassung einer großen Menge verschiedener Cymothoiden, dann Herrn Professor Dr. Nordgaard in Trondhjem, Herrn Professor Dr. Pax in Breslau und Herrn Dr. Scharrer in Wien, die mir ebenfalls mannigfaltiges Material zur Verfügung stellten.

Schiödte (12) hielt noch an dem Spaltfußcharakter der Mundwerkzeuge der von ihm untersuchten Isopodenformen durchgängig fest, daneben homologisierte er weitgehend die Isopoden- und Insektenkopfgliedmaßen und kam so zu mancherlei Fehlanschauungen. Doch zeigte Hansen schon in seiner ersten Publikation, die sich mit Isopoden beschäftigt, in der Bearbeitung der Ausbeute von der Dijmphna-Expedition (1884—1885), daß bei den im folgenden eingehender zu behandelnden Tieren die Mundwerkzeuge keineswegs in dem vom erstgenannten Autor angenommenen Umfange als Spaltfüße ausgebildet werden, wenn sie auch von solchen ursprünglich abzuleiten sind.

Für die Methode der Untersuchung der Mundgliedmaßen gibt Hansen (8) einige Direktiven, denen ich im allgemeinen gefolgt bin. Es ist besonders darauf zu achten, daß die Mundwerkzeuge vollständig herausgelöst werden, damit auch die zuweilen sehr kleinen, an der Basis befindlichen Gliedelemente der Beachtung nicht entgehen können. Häufig ist es dabei tunlich, auch einen Teil des Sternums, an dem die Mundgliedmaßen inserieren, mit herauszunehmen. Für die Präparationen stellte sich der Gebrauch von Nadel und Pinzette oder, bei sehr kleinen Formen, zweier recht feiner Nadeln am praktischsten heraus. Zur Untersuchung der einzelnen Elemente, aus denen sich die Kopfgliedmaßen zusammensetzen, ist es meistens zweckmäßig, vorher ihren Inhalt an Muskeln und anderem Gewebe durch die Behandlung mit Kalilauge zu entfernen. Es ist aber gut, die

Stücke nicht zu lange in der Kalilauge liegen zu lassen. Sie werden sonst leicht zu durchsichtig, und damit verschwindet die Möglichkeit, zwischen hartem und weichem Chitin an ihnen zu unterscheiden, oder die ja oft nur sehr feinen Suturen zwischen ihren einzelnen Gliedelementen zu erkennen. Um diese gut beobachten zu können, empfiehlt schon HANSEN (8) ihre Untersuchung in einem „halbgetrockneten Zustande" unter dem Mikroskop, falls sie nicht gar zu klein sind. Für die Untersuchung stand mir ein ZEISSsches Binokularmikroskop zu Gebote. Die zu untersuchenden Stücke kamen auf die Objektträger in einen sie ganz bedekkenden Tropfen Alkohol (ohne Deckglas). Danach erforderte es einige Aufmerksamkeit, den für die Beobachtung des Stückes günstigsten Zeitpunkt abzupassen, wo nämlich dessen Oberfläche durch die stete Verdunstung des Alkohols von diesem frei zu werden anfing, ohne indessen wirklich trocken zu werden: alsbald galt es wieder neuen Alkohol zuzugeben. Denn bei völligem Austrocknen der Oberfläche des Gliedes treten meist Schrumpfungen und Runzeln auf, und häufig dringt dann Luft in das Innere des Stückes ein. Das alles aber macht es für weitere Untersuchungen nicht mehr geeignet. Für diese Studien ist auffallendes Licht Bedingung, wobei die Einzelheiten besser und deutlicher hervortraten bei den schrägen Strahlen der Frühsonne als bei denen der LEITZschen Mikroskopierlampe.

Um die Muskulatur untersuchen zu können, wurden einmal der Kopf samt dem ersten Thorakalsegment des Tieres mittels einer Schere oder eines Messers in der Mitte längs durchgeschnitten, was bei einiger Geschwindigkeit der Ausführung keinerlei Zerstörungen oder Quetschungen und Verlagerungen des Inneren zur Folge hatte. Oder aber es wurden zur Erzielung einer Aufsicht die Tergite des Kopfes und der ersten Segmente entlang dem Rande vorsichtig aufgeschnitten und die Tergite sorgfältig von der an sie ansetzenden Muskulatur mit einer feinen Nadel befreit. Dann konnte sie, von anhängenden Muskelfasern ganz oder fast ganz frei, leicht abgenommen werden. Für die Feststellung der Muskulatur im Inneren der Mundgliedmaßen empfiehlt sich deren Studium unter dem Mikroskop bei durchfallendem Licht, und mitunter eine einfache Färbung, etwa mit Boraxkarmin.

C. Untersuchungen an nichtparasitischen Formen.
1. Morphologie der Mundgliedmaßen.

Zur Untersuchung der Mundwerkzeuge bei nichtparasitisch lebenden Cymothoiden werden im folgenden ganz vorwiegend die großen Arten *Cirolana albinota* VANHÖFFEN 1907 und *C. obtusata* VANH. 1907 herangezogen werden. Sie unterscheiden sich im Bau der Mundgliedmaßen kaum voneinander oder von der *Cirolana borealis* LILLJEB. 1851, die in der Hauptsache HANSEN (5) für seine Studien diente. Obgleich nicht zu den eigentlichen Mundgliedmaßen gehörig, soll doch stets mit ihnen gemeinsam der erste Thorakopod betrachtet werden, da er überall als Maxillipes ausgebildet ist und zu jenen in enger Beziehung steht. Ferner müssen mit den Mundgliedmaßen zusammen die Anhänge des Kopfes untersucht werden, die nicht als eigentliche Gliedmaßen aufgefaßt werden können oder meist nicht als solche aufgefaßt werden, wie Clypeus, Labrum (Oberlippe) und Labium (Unterlippe, Metastom, Paragnathen).

Der Clypeus (Abb. 15, 16, *cl.*) bei *Cirolana* ist schwach gewölbt, sehr viel breiter als lang, ungefähr von der Form eines gleichschenkligen

Dreiecks, dessen Spitze nach vorn, dessen Basis nach hinten gerichtet ist und dem Vorderrand des Labrum unmittelbar anliegt. Die vordere Spitze des Clypeus schließt sich an die schmale und leistenförmige Lamina frontalis (Abb. 17/18, *lf.*) an, die zwischen den Antennenwurzeln liegt. Der hintere Clypeusrand ist ganz schwach gebogen und seine beiden Ecken sind ein wenig um die vorderen Ecken des Labrum herum nach unten gezogen. Dort stoßen sie auf den äußeren der beiden vorderen Gelenkhöcker der Mandibeln und spielen bei deren Artikulation eine Rolle.

Das Labrum (Abb. 17/18, *lbr.*) (die Oberlippe) ist ebenfalls schwach gewölbt, ungefähr rechteckig und drei- bis viermal so breit wie lang, seine Ecken sind abgerundet. Die Seiten verlaufen schwach gebogen, mit Ausnahme der hinteren, die deutlich ausgerandet ist. Clypeus und Labrum bestehen beide aus sehr festem Chitin. Zwischen ihnen befindet sich ein dünn chitinisierter schmaler Außenhautstreifen des Tieres, so daß das Labrum, das eine Hautfalte des Tieres darstellt, gegen den festliegenden Clypeus einigermaßen beweglich ist. An den vorderen Ecken ist der Rand des Labrum in die Vertiefung zwischen dem

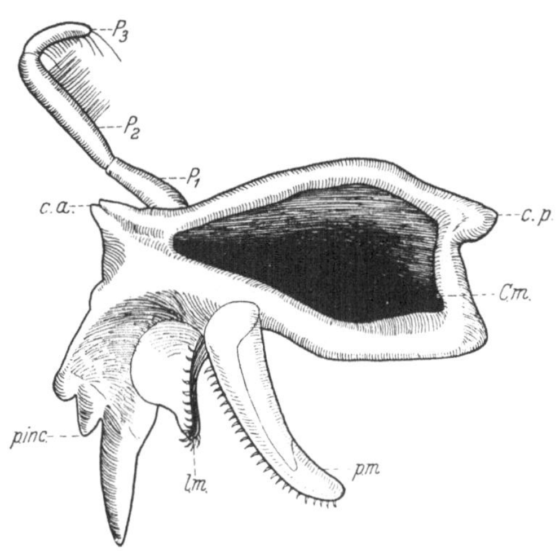

Abb. 1. Rechte Mandibel von *Cirolana albinota* VANH., dorsal. *c.a.* der vordere doppelte Gelenkhöcker, *c.p.* der hintere Gelenkhöcker, *p.inc.* der Schneiderand, pars incisiva, *l.m.* lacinia mobilis, *p.m.* pars molaris. Die in der pars molaris mit einer dünnen Linie eingefaßte Partie besteht aus festem Chitin. *C.m.* Corpus mandibulae, *P₁, P₂, P₃*, Glieder des Palpus. Vergr. 12×.

äußeren und dem inneren der beiden vorderen Gelenkhöcker der Mandibeln (Abb. 1, *c.a.*) eingelagert; an dieser Stelle ist das Labrum mit den Mandibeln verwachsen durch ein dünnes, aber außerordentlich zähes chitinöses Gewebe, das etwas faltig und weit ist und dadurch eine Beweglichkeit der Mandibeln in dem Maße, wie sie erforderlich ist, zuläßt.

Die Mandibeln (Abb. 1) stellen die größten unter den drei vorhandenen Paaren der Mundgliedmaßen dar. Sie bestehen aus vier Gliedern, deren erstes das eigentliche Corpus mandibulae bildet; die drei anderen sind ihm gegenüber nur sehr klein und bilden den sogenannten Palpus. Bei Ableitung der Mandibeln von dem ursprünglichen Spaltfuß ist das Corpus mandibulae als die Praecoxa, die beiden ersten Glieder des Palpus als Coxa und Basis von dessen Protopoditen aufzufassen. Das letzte Glied des Palpus ist der Rest des Endopoditen. Der Exopodit ist hier wie bei allen übrigen Mundgliedmaßen völlig verlorengegangen. Das sehr große, stark chitinisierte und deutlich gewölbte Corpus mandibulae zerfällt durch eine Einschnürung des inneren Randes in zwei Teile. Der hintere, von annähernd ovaler Form, ist ringsum mit dem übrigen Kopfskelett durch dünnes, nicht besonders festes Chitin verwachsen, der vordere, ungefähr von der Ansatzstelle der Pars molaris an, ragt zum größten Teil frei heraus und trägt den „Kaurand" (Abb. 1, *p.i*, *l.m*, *p.m*). Der hintere Teil liegt annähernd in der Längsrichtung des Kopfes, der vordere aber biegt fast rechtwinklig von dieser Richtung nach innen zu ab. Auf der Dorsalseite ist der hintere Teil der Mandibel, so weit er am Rande mit dem übrigen Kopfskelett verwachsen ist, offen und enthält in seiner Höhlung verschiedene, weiter unten noch zu erwähnende Muskeln, die bei seiner Bewegung und bei der des Palpus mandibulae eine Rolle spielen. Der vordere frei herausragende Teil ist dorsal ebenfalls mit Chitin bekleidet.

Der „Kaurand" der Mandibel besteht wie bei den meisten Isopoden aus mehreren Komponenten, der Pars incisiva (Abb. 1, *p.inc.*), der Lacinia mobilis (Abb. 1, *l.m*) und der Pars molaris (Abb. 1, *p.m.*). Die kräftigste unter ihnen ist die Pars incisiva, der am meisten distal gelegene Teil, der eigentliche Schneiderand der Mandibeln. Er liegt vermöge der Einwärtsbiegung des vorderen Mandibelteiles aus der Längslage in die Querlage selbst wieder parallel zur Längsrichtung des Tieres und zu dem Schneiderand der anderen Mandibel. Bei der linken Mandibel ist er etwas anders gestaltet als bei der rechten, deren Pars incisiva von der der linken zum großen Teil überdeckt wird. Der Schneiderand der linken Mandibel verläuft von vorn nach hinten im großen und ganzen glattrandig (Abb. 17, 18, *md.* 2), nur einige schwache, wellige Ausbuchtungen sind zu konstatieren. An ihrem hinteren Ende ist die linke Pars incisiva in einen großen, sehr kräftigen und langen Zahn ausgezogen, der um einen homolog an der rechten Pars incisiva ausgebildeten gleich großen Zahn (Abb. 17, 18 *md.* 1, 2) von außen und oben herumgreift. Für diesen Zweck ist der Zahn der linken Mandibel auf der Unterseite mit einer deutlichen Aushöhlung versehen, in die in der Ruhelage der Zahn der rechten Mandibel zu liegen kommt (Abb. 17, 18, *md.* 1, *md.* 2), dem natürlich eine derartige Rinne an der Unterseite fehlt. Der vor diesem Zahn gelegene Schneiderand der rechten Mandibel verläuft nicht, wie bei der linken, ungefähr glatt, sondern zeigt zwei deutliche Einkerbungen. Das Chitin der Schneideränder ist naturgemäß besonders stark und häufig von bräunlicher Färbung. Auf der Oberseite der Mandibeln verläuft über deren Vorderteil von dem äußeren der beiden Gelenkzapfen nach dem großen Zahn am Ende der Schneideränder eine als eine Art

Kiel ausgeprägte verstärkte Chitinleiste (Abb. 17, 18, *md.* 1, 2). Sie dient zur Verfestigung dieses bei der Funktion besonders stark beanspruchten Teiles der Mandibel.

Unmittelbar unter den Schneiderändern der Mandibeln befinden sich die Laciniae mobiles (Abb. 2*a*, *b*). Sie haben ungefähr die Form einer Viertelkugel, wobei von den beiden geraden Schnittflächen die eine dorsalwärts, die andere nach hinten (im Verhältnis zur Längsrichtung des Tieres) gewendet ist (Abb. 1, *l.m.*). An dieser nach hinten gerichteten Fläche ist ein größeres, nach ihren Außenrändern zu gelegenes Stück fest chitinisiert, alle übrigen Partien sind von weicherem Chitin. Durch diese geringe Festigkeit des Chitins auch an der Ansatzstelle an das Corpus mandibulae wird eine gewisse Beweglichkeit der Lacinia mobilis gegen das Corp. mand. ermöglicht, die allerdings ganz vorwiegend seitlich ist und kaum in der Richtung von oben nach unten verlaufen kann.

Am distalen Rande der festchitinisierten Fläche der Lacinia mobilis und damit am distalen Rand von deren Hinterseite selbst steht eine Reihe von ziemlich langen und spitzen Zähnen. An der äußersten Spitze der Lacinia mobilis zieht sich unten die festchitinisierte Fläche ein wenig auch auf ihre Vorder- (dem Corpus mandibulae zugekehrte) Seite (Abb. 2 *b*), und so stehen die Zähne hier in einem kleinen

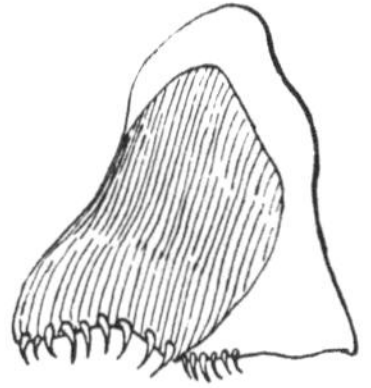
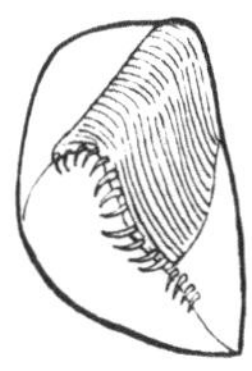

Abb. 2. *Cirolana albinota* VANH. Lacinia mobilis der rechten Seite von der Mandibel gelöst. Festes Chitin schraffiert. Vergr. 24 ×. a Aufsicht auf die nach hinten, vom Corpus mandibulae abgewendete Seite. b Lacinia mobilis aus der Lage von a um je 45⁰ nach rechts seitlich und nach oben gedreht gesehen.

Bogen um die Spitze der Lacinia mobilis herum. Am weitesten nach innen, auf das Corpus mandibulae zu, stehen noch einige derartige Zähne außerhalb der „festchitinisierten Fläche". In ihnen vermutet HANSEN (5), der die gleiche Erscheinung bei *C. borealis* LILLJEBORG in ähnlicher Weise antraf, ein Homologon zu den bei manchen anderen Isopoden als weitere Komponenten des Kaurandes anzutreffenden Sägeborsten (Setae) (Abb. 2).

Ein wenig weiter seitwärts oberhalb der Lacinia mobilis ist die pars molaris (Abb. 1, *p.m*, Abb. 3) an dem Corpus mandibulae befestigt. Von oben gesehen erscheint sie messerklingenartig, ihr vorderer oder innerer Rand ist seiner ganzen Länge nach mit nicht allzugroßen, nach unten gekrümmten Zähnen besetzt. Die Pars molaris besteht aus leidlich festem Chitin. Durch eine eigentümlich gestaltete Lage dicken Chitins (Abb. 3) sind in den basalen zwei Dritteln ihrer Länge die Rückseite sowie ein großer Teil der Ober- und Unterseite noch besonders verfestigt. Gegen das Corpus mandibulae ist die Pars molaris beweglich abgesetzt, wobei es sogar zur Ausbildung einer Art von Gelenk kommt. Die Beweglichkeit ist in der Weise beschränkt, daß eine Bewegung der

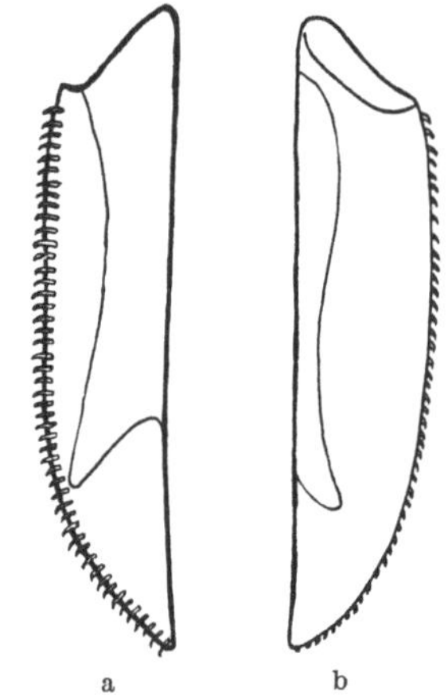

Pars molaris nur in dorsaler Richtung und nach vorn gestattet ist, nicht aber ventralwärts und nach hinten. Dies wird durch folgende Einrichtung bewirkt. Der Querschnitt der Pars molaris ist an ihrem distalen Ende flach oval, nach der Basis zu aber wird er an der Rückseite immer breiter, etwa tropfenförmig, mit der Spitze an dem bezahnten Vorderrande; an der Ansatzstelle der Pars molaris an dem Corpus mandibulae ist schließlich der Querschnitt beinahe rechtwinklig dreieckig. Die obere Seite dieses Dreiecks liegt ungefähr parallel zur allgemeinen Längsrichtung der Mandibel, der rechte Winkel liegt an der unteren Ecke des

Abb. 3. *Cirolana albinota* VANH. Pars molaris. Die in der Pars molaris mit einer dünnen Linie eingefaßte Partie besteht aus festem Chitin. a Von der Ventralseite, b von der Dorsalseite. Vergr. 24 ×.

Dreiecks (Abb. 4, a). Nun muß man sich vorstellen, daß bei der über diesem Dreieck errichteten Pyramide, die die Pars molaris gewissermaßen darstellt, die ventrale Kante steif und in keiner Weise biegsam ist. Denn die rückwärtige Chitinversteifung läuft an dieser Kante entlang und ist gegen das Corpus mandibulae spitz ausgezogen: diese Spitze trifft auf das Corpus mandibulae gerade in der unteren Ecke des angenommenen Dreiecks, das die Ansatzstelle der Pars molaris an das Mandibelcorpus bildet. Dort ist sie in derselben Weise wie die Stacheln bei Echinoideen gelenkig eingelassen. Die oberen Kanten der durch die Pars molaris dargestellten Pyramide aber sind zumindest an der Basis nicht steif, da hier das Chitin besonders dünn ist, sondern recht biegsam (Abb. 4. *b* I). Bei diesen Verhältnissen ist es möglich, daß die Spitze der Pars molaris in dorsaler Richtung geführt wird; denn die

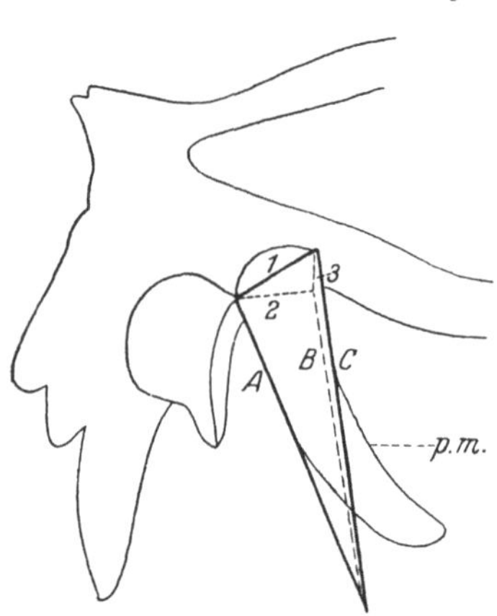

Abb. 4a. Ausschnitt aus Abb. 1 mit der Pars molaris (*p.m.*). Zur Veranschaulichung ihrer Funktion ist sie schematisiert in die Abb. als Pyramide eingezeichnet, mit dem durch die Seiten 1, 2, 3 begrenzten Dreieck als Basis. Gestrichelt gegeben sind diejenigen Pyramidenkanten, die dem Beschauer eigentlich nicht sichtbar sind (2, 3, *B*). Die Pyramidenkanten *A* und *C* besitzen an der Basis weiches, biegsames Chitin. *B* besteht in ihrer ganzen Länge aus festem, nicht biegsamen Chitin.

beiden dabei durch Druck beanspruchten oberen Kanten können sich wegen des dünnen Chitins an der Basis dort krümmen (Abb. 4 b, II—IV). Es wird aber unter den geschilderten Umständen unmöglich sein, die Pars molaris ventralwärts zu bewegen: dabei wird die obere, ihrer ganzen Länge nach steife Kante durch Druck beansprucht, dem sie nicht nachgeben kann (Abbild. 4 b, I). Es wird weiter unten bei der Behandlung der Funktion der Mundwerkzeuge klar werden, wie es von höchster Wichtigkeit ist, daß eine Beweglichkeit der Pars molaris ventralwärts verhindert werde.

Eine genauere Untersuchung der am Rande der Pars molaris stehenden Zähne zeigt, daß ihre Insertionsstelle sich nicht unmittelbar am Rande befindet, sondern auf der Unterseite etwas hinter dem Rande, so daß eine feine Chitinlamelle etwa im ersten Viertel der Länge der Zähne noch über ihnen liegt (Abb. 3 a, b). Das kann zum Schutze der Zähne dienen, die auf diese Weise nicht über ihre ganze Länge beansprucht werden können, was vielleicht eine zu große Bruchgefahr für sie bestehen ließe.

Sowohl Laciniae mobiles als auch die Partes molares sind bei beiden Mandibeln ganz gleich gebaut, im Gegensatz zu denen vieler anderer Isopoden, die eine asymmetrische Ausbildung dieser Komponenten des Kaurandes aufweisen. Diese Symmetrie in der Bildung der Mandibeln bei den Cirolaninen läßt sich auch aus ihrer Funktion erklären.

Am hinteren Ende des durch den hinteren Teil der Mandibel dargestellten Ovales befindet sich ein einzelner deutlicher Zapfen (Abb. 1, *c.p.*). Dieser fungiert als der hintere Gelenkhöcker der Mandibel. Ihm ent-

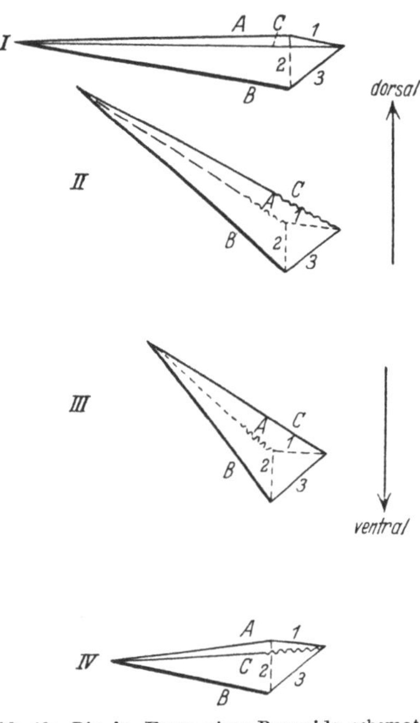

Abb. 4 b. Die in Form einer Pyramide schematisierte pars molaris der Mandibel von *Cirolana* von hinten gesehen. Die Bezeichnungen der Seiten des basalen Dreiecks sowie der Pyramidenkanten stimmen mit denen in Abb. 4 a überein. Die Kante *B* besteht aus festem, nicht biegsamen Chitin, *A* und *C* an der Basis aus weichem biegsamen Chitin. *I* Normallage, *II—IV* veranschaulicht die Bewegung, die die pars molaris auf Grund der Biegsamkeit des Chitins an der Basis von *A* und *C* ausführen kann. Wo bei den einzelnen Bewegungen das dünne Chitin der Pyramidenkanten durch Druck beansprucht und zusammengedrückt wird, ist dies durch wellenlinige Führung der sonst geraden Kanten an den betreffenden Stellen verdeutlicht. Es wird bei der Einrichtung der *p.m.* klar, daß sie keine ventralwärts gerichtete Bewegung ausführen kann.

sprechen zwei an dem vorderen Ende des eigentlichen Mandibelschaftes dicht nebeneinanderliegende Zapfen, die vorderen Gelenkhöcker (Abb. 1, *c.a*). Zwischen beide greift der Seitenrand des Labrum ein, so daß in situ nur der äußere sichtbar ist, während der innere unter dem Labrum liegt, mit dem er, wie oben erwähnt, durch zähe Chitinhäute verwachsen ist.

Der hintere Gelenkhöcker ist in eine taschenförmige, allerseits ziemlich feste Einsenkung der Kopfkapsel eingelassen. Eine gerade, die beiden vorderen Gelenkzapfen mit dem hinteren verbindende Linie ist als Achse anzusehen, um die die Mandibel drehbar angeordnet ist. Um eine derartige Drehung zu ermöglichen, ist das dünne Chitin, das die Man-

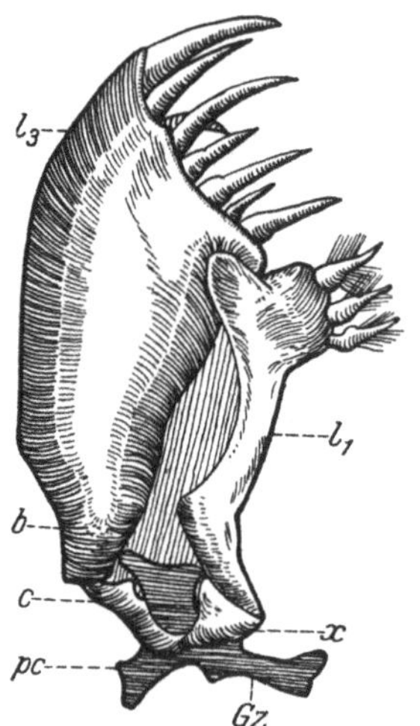
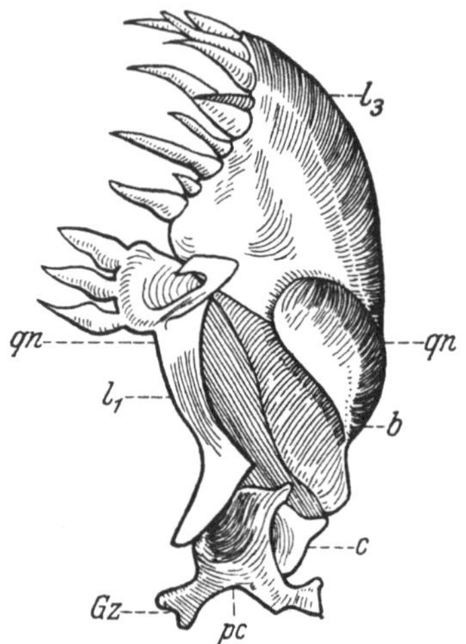

Abb. 5. *Cirolana albinota* VANH. Rechte Maxillula von der Ventralseite. *pc* Praecoxa, *c* Coxa, *b* Basis, l_1 der Endit des ersten Gliedes, l_3 der Endit des dritten Gliedes, *x* Verbindungsstück zwischen Praecoxa und ihrem Enditen, *Gz* Gelenkzapfen der Maxillula am ersten Gliede. Vergr. 14×.

Abb. 6a. *Cirolana albinota* VANH. Rechte Maxillula der Dorsalseite. *pc* Praecoxa, *c* Coxa, *b* Basis, l_1 Endit an der Praecoxa, l_3 Endit an der Basis, *Gz* Gelenkzapfen an der Praecoxa, *qn — qn* Richtung des Querschnittes von Abb. 6b. Vergr. 14×.

dibel, soweit sie angewachsen ist, mit dem übrigen Kopfskelett verbindet, einigermaßen weit und faltig, so daß eine Einsenkung der Mandibelränder in das Kopfinnere oder ihre Heraushebung möglich ist.

Die auf die Mandibeln folgenden Mundgliedmaßen sind die Maxillulae oder ersten Maxillen (Abb. 5, 6, 7). Sie sind kleiner als die Mandibeln, aber doch von beträchtlicher Größe, von oben gesehen etwa dreieckig, von hinten nach vorn sich verbreiternd. Die Maxillula besteht aus dem dreigliedrigen Protopoditen des ursprünglichen Spaltfußes, Entopodit wie Exopodit sind verlorengegangen. Die Praecoxa und Coxa sind verhältnismäßig klein, die Basis dagegen ist sehr groß und läuft nach innen in einen kräftigen, mit vielen langen, dicken Dornen besetzten Lobus aus.

Die Praecoxa besitzt einen langgestreckten, abgegliederten Lobus, der am Ende ebenfalls bedornt ist. Zwischen der Praecoxa und ihren Lobus findet sich noch ein weiteres hartes Chitinstück eingeschoben, das eine Eigenheit des Genus *Cirolana* LEACH darstellt. Die Praecoxa ist sehr eigentümlich gestaltet; sie läuft in drei ungefähr unter demselben Winkel divergierende Ausläufer aus. Von diesen erweisen sich zwei etwas schmälere nach Freilegung der Maxillula als frei endigend, während der dritte dieser Ausläufer durch dünne Chitinhäute in engem Zusammenhange mit den übrigen Gliedern der Maxillula steht. Die Coxa ist

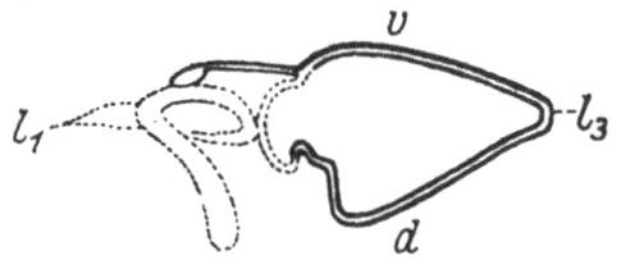

Abb. 6b. Querschnitt durch die rechte Maxillula von *Cirolana albinota* in der Höhe von $qn—qn$ der Abb. 6a. Die punktierten Partien liegen, im Sinne von Abbild. 6a, oberhalb des Querschnittes. d Dorsalseite, v Ventralseite, l_1 Endit an der Praecoxa, l_3 Endit an der Basis. Vergr. 14×.

ebenfalls sehr unregelmäßig gestaltet; sie greift von außen um die Praecoxa herum und stößt ventral bei der hier untersuchten Form mit dem Verbindungsstück zwischen Praecoxa und deren Lobus zusammen. Praecoxa und Coxa haben zusammen nicht dieselbe Lagerichtung wie die Basis, sondern liegen etwa senkrecht oder in der Ruhestellung sogar unter einem spitzen Winkel zu ihr (Abb. 7). Sie sind in die Tiefe des Kopfes eingesenkt und beim unversehrten Tier kaum zu sehen. Dabei funktioniert, wie weiter unten genauer zu zeigen sein wird, der eine der beiden frei endigenden Ausläufer der Praecoxa als Gelenkzapfen, als Angel, um die die Maxillula bewegt werden kann. Der andere dient als Ansatzstelle für eine Gruppe von Muskeln. Der Lobus der Praecoxa verläuft schwach bogig, ist in der Mitte ein wenig ventralwärts gewölbt, am distalen Ende ist er nach außen ungefähr halbkugelig aufgetrieben. Dieser nach außen gebuchteten Rundung entspricht ein nach innen gerichteter Zapfen, der sich über den Lobus der Basis in eine flache Vertiefung legt und

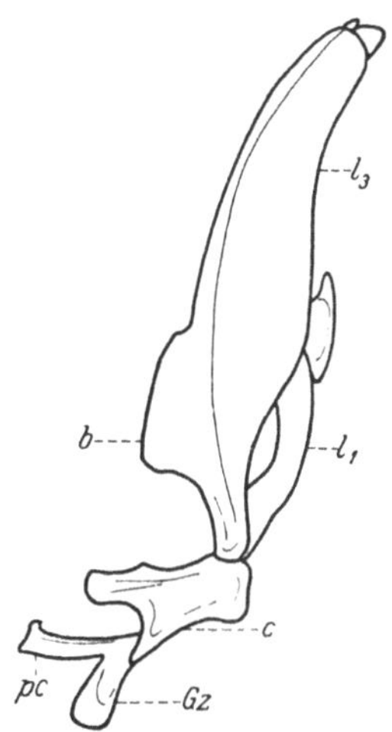

Abb. 7. *Cirolana albinota* VANH. Rechte Maxillula von außen. *p.c.* Praecoxa (1. Glied), *c* Coxa (2. Glied), *b* Basis (3. Glied), l_1 Endit am ersten Gliede, l_3 Endit am dritten Gliede, *Gz* Gelenkzapfen der Maxillula, an der Praecoxa. Vergr. 12×.

verhindert, daß bei der Funktion der Maxillula der kleine Lobus dorsal über den großen gleitet. Am Rande der distalen Ausbuchtung des Praecoxalobus stehen drei sehr kräftige und ziemlich lange Dornen. Sie sind kurz hinter der Basis blasig aufgetrieben, so daß sie an dieser Stelle ihre größte Dicke erreichen. Sie sind hinter dem ersten Drittel ihrer Länge bis kurz vor die Spitze mit kräftigen, nach vorn gerichteten Borsten rundum besetzt. Auf der Dorsalseite des Lobus ist an der halbkugeligen distalen Auftreibung ein hakenförmiges, senkrecht auf ihm stehendes Stück Chitin befestigt, an das sich Muskeln ansetzen, die bei der Funktion der Maxillula eine Rolle spielen. Soweit der Lobus mit den übrigen Teilen des Gliedes nicht unmittelbar zusammenstößt, ist er durch eine dünne Chitinhaut mit ihnen verbunden. Der Basipodit samt seinem Enditen ist auf der Ventralseite deutlich gewölbt, besonders in seiner basalen Hälfte. Der freie Innenrand des Enditen ist mit zum Teil ziemlich langen, sehr kräftigen Dornen besetzt, die nicht alle in einer Reihe stehen. Der Rand des Enditen ist besonders am distalen Ende flächig verbreitert (Abb. 15, *mxl.*), so daß hier die Dornen nicht nur an ihm entlang hintereinander, sondern auch nebeneinander stehen können. Der größte Dorn steht an der äußersten Spitze, auf ihn folgen dann kleinere und größere meist abwechselnd. Die meisten stehen am dorsalwärts gelegenen Rande der Außenfläche des Enditen, so daß ihre Basis, die meist etwas verdickt ist, von der Ventralseite her weniger deutlich sichtbar ist. Am distalen Ende stehen auch am ventralen Rande der Außenfläche Dornen, so daß hier durch die verschiedenen, ein wenig divergierenden Dornen der Eindruck eines korbförmigen Gebildes hervorgerufen wird. Die Dornen weichen vertikal in ihrer Richtung nur wenig aus der Lageebene des Enditen ab, lediglich ein kurz distal von der Mitte des dornenbestandenen Randes befindlicher Stachel ist sehr deutlich dorsalwärts gerichtet. Auf der Oberseite ist der frei herausragende Teil des Enditen ziemlich eben, eher mitten ein wenig eingesenkt. Die basale Hälfte des Basipoditen und ihres Lobus ist mit dem übrigen Kopfskelett durch dünne Chitinhäute verwachsen. An dieser Stelle ist die Maxillula dorsal offen. Diese Öffnung ist durch eine vom hinteren Rand des Gliedes nach innen sich erstreckende Chitinvorwölbung zum Teil überdacht und verkleinert (Abb. 6 *a*). Durch die verbleibende mehr nach innen als dorsalwärts sich öffnende Spalte treten die die Maxillula bewegenden Muskeln zu den im Inneren gelegenen Ansatzstellen. Die Stelle, an der die Maxillula in das Kopfskelett des Tieres eingelassen ist, ist erst in ziemlich weitem Abstande von dem eigentlichen Fleck der Verwachsung mit festen Chitinspangen eingefaßt (Abb. 18, *amxl*$_1$). Dazwischen spannt sich eine weite weiche Chitinhaut, die der Maxillula die notwendige Bewegungsfreiheit läßt. Hinter der Gliedmaße sieht man einen Teil ihrer Muskulatur durch diese Haut hindurchschimmern. Nach vorsichtiger Entfernung der Maxillula sieht man von oben den Beginn des Kopfinnenskelettes, das vom Hinterrande der Insertionsstelle der Maxillula seinen Anfang nimmt (Abb. 18, *amxl*$_1$.). An ihm ist, gut von oben sichtbar, die Schlaufe ausgebildet, in die der Gelenkzapfen der Maxillula eingelassen ist.

Das nächste Paar Mundwerkzeuge, die Maxillen oder zweiten Maxillen (Abb. 8, 9), sind wesentlich kleiner und schwächer gebaut als die vorhergehenden. Auch sie bestehen nur aus dem dreigliedrigen Protopoditen des ursprünglichen Spaltfußes; die Coxa und die Basis tragen Enditen. Große Partien der Maxillen sind weich chitinisiert, und auch an den Teilen mit festerem Chitin bleibt dieses doch stets biegsam und wird nie so hart wie bei Mandibeln und Maxillulae. Als erstes und zweites Glied nimmt HANSEN (5) nur die festchitinisierten Stücke an der Basis des Gliedes an. Es scheint aber, daß sie lediglich einen Teil des ersten und zweiten Gliedes darstellen, die auch die weichen Partien an der Basis der Maxille mitumfassen (Abb. 8, *pc.*, *c.*). Diese Auffassung wird bestärkt

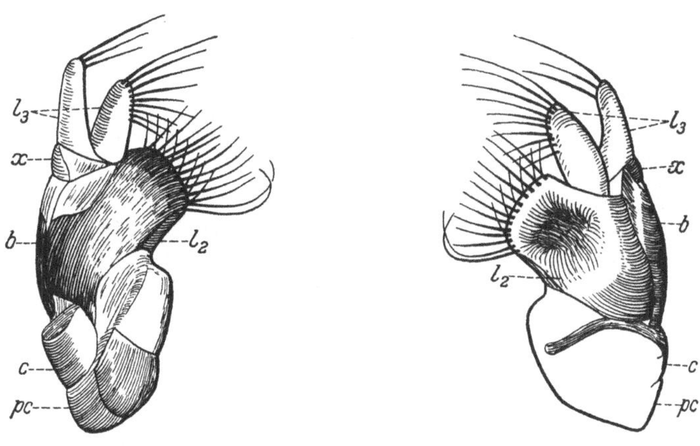

Abb. 8.   Abb. 9.

Abb. 8. *Cirolana albinota* VANH. Rechte Maxille ventral. *pc* Praecoxa, *c* Coxa, *b* Basis, *l2* Endit der Coxa, *l3* Endit der Basis; gespalten, der äußere Finger steht unter dem inneren, *x* die als Muskelansatz dienende komplementäre Chitinverfestigung. Vergr. 14×. — Abb. 9. *Cirolana albinota* VANH. Rechte Maxille dorsal. *pc* Praecoxa (1. Glied), *c* Coxa (2. Glied), *b* Basis (3. Glied), *l2* Endit am 2. Gliede, *l3* Endit am 3. Gliede. Vergr. 14×.

bei Untersuchung der Muskulatur, die es wahrscheinlich macht, daß die betreffenden Stellen zum Teil nur deshalb fester chitinisiert sind, um eine zuverlässigere Ansatzstelle für wichtige Muskeln zu erhalten. Das feste Chitinstück des ersten Gliedes erstreckt sich nur auf dessen Ventralseite, an der Dorsalseite ist das erste Glied ohnehin offen, um den Muskeln Eintritt in das Innere des Gliedes zu gewähren. Das feste Chitinstück des zweiten Gliedes sendet einen schmalen Ausläufer quer über dessen Dorsalseite, die im übrigen sehr weich ist. Dieser Ausläufer dient vermutlich zur Verfestigung (Abb. 9, *c*). Das dritte Glied der Maxille zieht sich schmal an ihrem äußeren Rande nach vorn, hinter der Mitte seiner Länge wendet es sich ausschließlich auf die Dorsalseite. Ein weiter distal ansetzendes kleines Stück aus festem Chitin (Abb. 8, 9, *x*) nahm HANSEN (7) anfangs als ein viertes Glied an, kam aber später (5) davon ab, da er es unter einer dünnen Chitinhaut gefunden hatte, weswegen es nicht als Chitinteil eines selbständigen Gliedes gedeutet werden könne. Diese dünne Chitinhaut, unter der jenes Stück nach Hansen liegt, konnte ich nicht finden, dennoch ist es kaum zweifelhaft, daß es nicht als selbständiger Gliederrest aufgefaßt werden darf. Das ergibt sich aus der Analogie zu anderen Isopoden, denen es fehlt. Man kann es als Bestandteil des dritten Gliedes selbst auffassen, wie Hansen (5) es später tat, oder es als zu seinem Lobus gehörig betrachten. Es scheint daß es sein Vorhandensein im wesentlichen der Notwendigkeit einer festen Ansatzstelle für einen wichtigen Muskel verdankt. Von den Loben ist der des zweiten Gliedes von bedeutender Größe, so daß er die Hauptmasse der Maxille ausmacht. Der Lobus des dritten Gliedes ist in zwei ungefähr gleich lange, schmale Teile gespalten. Der Lobus des zweiten Gliedes ist auf der Ventralseite deutlich gewölbt und fast durchgängig festchitinisiert. Nur an seiner nach dem äußeren Rande der Maxille zu gelegenen Seite befindet sich eine kleine Partie weichen Chitins, die von dünnen Chitinspangen eingefaßt wird (Abbild. 8). An der Basis greift ventral der Lobus mit einem spitzen Ausläufer über das zweite Glied der Maxille. Auf der Dorsalseite ist er flach muldenförmig (Abb. 9). Auf dem nach innen gerichteten freien Rande stehen zwei Reihen von Borsten. Die Borsten der ventralen Reihe sind in ihrer Ausbildung und Richtung von denen

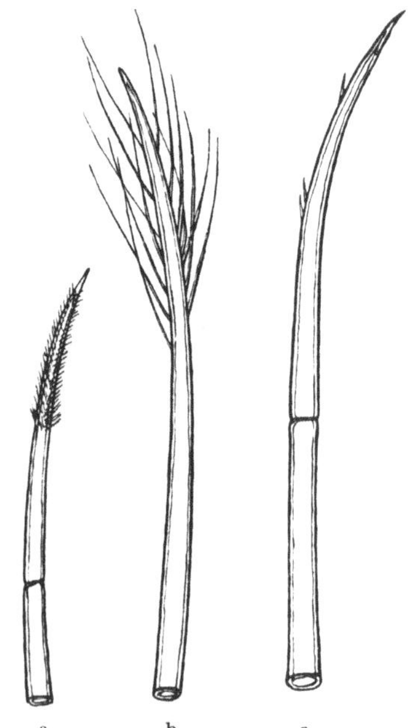

Abb. 10. Bautypen der Maxillenborsten. a Borste der ventralen Reihe am Enditen des 2. Gliedes. Vergr. 90×. b Borste der dorsalen Reihe am Enditen des 2. Gliedes. Vergröß. 90×. c Borste des äußeren Komponenten des gespaltenen Enditen am 3. Gliede. Vergr. 90×.

der dorsalen verschieden. Jene sind wesentlich kürzer als die anderen, untereinander fast alle gleich lang; sie sind ziemlich starr und verlaufen deutlicher in der Längsrichtung der Maxille als die Borsten der dorsalen Reihe. Im letzten Drittel ihrer Länge sind sie mit kurzen, nach der Spitze zu an Länge allmählich abnehmenden dichtstehenden Haaren besetzt (Abb. 10 a). Die Borsten der dorsalen Reihe (Abb. 10 b) verlaufen mehr quer zur Längsrichtung der Maxille. Die weiter distal stehenden nehmen an Länge allmählich ab, besonders lang sind zwei am weitesten basal stehende Borsten. Im Verlauf ihres letzten Drittels sind sie mit

Ausnahme eines kurzen Stückes an ihrem distalen Ende mit sehr langen und starken, nicht besonders dichtstehenden Haaren besetzt. Diese Haare können in der mannigfaltigsten Weise durcheinander geschlungen sein, und dadurch gewinnen die betreffenden Borsten ein besenförmiges Aussehen. Von den beiden Ausläufern des gespaltenen Lobus am dritten Maxillengliede steht der innere über dem äußeren, so daß dieser auf der Unterseite der Maxille unter jenen heruntergreift (Abb. 8, 9). Beide sind nicht gegeneinander, wohl aber zusammen gegen den Lobus des zweiten Gliedes beweglich. Der innere Teil des Lobus ist auf ungefähr der distalen Hälfte seines Innenrandes mit zwei Reihen von gegen das Ende an Länge zunehmenden Borsten besetzt. Hier unterscheiden sich die Borsten der beiden Reihen nicht voneinander, wohl aber die näher an der Basis stehenden Borsten von den weiter distal befindlichen. Jene sind nämlich in ähnlicher Weise wie die Borsten der dorsalen Reihe des Enditen am zweiten Gliede besenförmig gestaltet (Abb. 10 b). Die letzt-genannten aber weisen den Typus der wenigen drei bis vier, am distalen Ende des äußeren Teiles des gespaltenen Endi-ten am dritten Maxillengliede stehenden Borsten auf. Diese (Abb. 10 c) sind fast ganz glatt, nur an der äußeren Seite ihrer Krümmung stehen zwei oder drei kurze starre Haare in weitem Abstande, bei den meisten in der auf der Abbil-dung zur Darstellung gebrachten Ver-teilung; in seltenen Fällen fehlen sie.

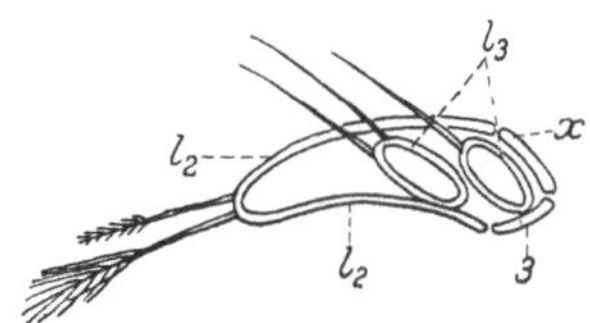

Abb. 11. Schematischer Querschnitt durch die rechte Maxille. l_2 der Endit des 2. Gliedes, l_3 der gespaltene Endit des 3. Gliedes, *3* das 3. Glied, *x* die als Muskelansatz dienende komplementäre Chitinverfestigung.

Bei einem sehr großen Teile der Borsten sämtlicher Enditen ist nach dem ersten Drittel ihrer Länge eine eigentümliche flache Einschnürung zu beobachten, die vielleicht eine Sicherung der Borste gegen die Gefahr des Geknicktwerdens darstellt (Abb. 10 a, c). Sie ist bei ver-schiedenen Individuen verschieden häufig zu beobachten. Diese Er-scheinung könnte auch als eine Folge davon aufgefaßt werden, daß die Borsten bei der Konservierung oder Präparation eben schon geknickt worden sind. Doch macht die Lage dieser Einschnürung an fast immer derselben Stelle und der Umstand, daß sie künstlich unter dem Mikro-skop nicht zu erzielen ist, diese Annahme wenig wahrscheinlich.

Bei einem Querschnitt durch die Maxille (Abb. 11) zeigt sich eine deutliche Krümmung des Lobus ihres zweiten Gliedes nach oben, dem-gemäß sind auch die Borsten an seinem freien inneren Rande nach oben gerichtet. Diese Krümmung erstreckt sich aber nicht auf den Lobus des dritten Gliedes, und so sind auch dessen Borsten nicht in der gleichen Weise nach oben gerichtet.

Ein eigentliches Gelenk für ihre Bewegungen besitzt die Maxille nicht.

Ihre Beweglichkeit ist gering und wird ermöglicht durch die Nachgiebigkeit des dünnen Chitins, das ihre Insertionsstelle an dem Kopfskelett umgibt.

Die Unterlippe (oder Pagnathen) erweist sich als eine paarige Hautfalte, die zwischen den Inserierungsstellen der Maxillulae entspringt und deren Äste divergierend nach vorn ziehen (Abb. 18, *lb*). Sie bilden jederseits der Mundspalte einen in den ersten drei Vierteln ihrer Länge mit dem Kopfskelett verwachsenen Wulst. Das letzte vordere Viertel ist frei und nach innen mit einer scharfen Spitze eingekrümmt; es liegt in dem von der Mandibel durch ihre mittlere Krümmung gebildeten Win-

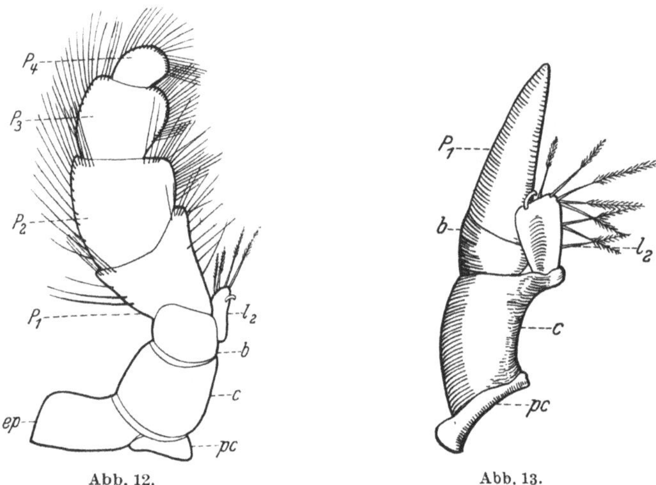

Abb. 12.   Abb. 13.

Abb. 12. *Cirolana albinota* VANH. Rechter Maxillipes *ventral*. *pc* Praecoxa, *c* Coxa, *b* Basis, *P* Palpus, *ep* Epipodit, *l₂* Endit am 2. Gliede. Vergr. 10 ×. — Abb. 13. *Cirolana albinota* VANH. Rechter Maxillipes von innen. *pc* Praecoxa, *c* Coxa, *b* Basis, *p₁* 1. Palpusglied, *l₂* Endit am 2. Gliede. Die distalen Palpusglieder sind in der Zeichnung fortgelassen. Vergr. 14×.

kel. In die Unterlippenäste eingelagert sind je zwei dünne Chitinspangen, die bis zu einem gewissen Grade gelenkig in eine an der Labiumbasis aus dem Kopfskelett vorspringende Chitinverdickung eingelassen sind. Die eine dieser Chitinspangen läuft in dem jeweiligen Aste nach vorn, wo sie in jene scharfe Spitze des distalen Endes der Unterlippe ausläuft, die andere verläßt schon nach dem ersten Drittel ihrer Länge die Unterlippe und biegt, in dem dort dünnen Chitin der Kopfkapsel deutlich zu verfolgen, nach außen gegen den Mandibelrand zu ab (Abb. 18, *amxl₁*), dergestalt das weite Insertionsfeld der Maxillula fest umgrenzend.

Obwohl nicht eigentlich zu den Mundgliedmaßen gehörig, stehen doch mit ihnen im engsten Zusammenhang die ersten Thorakopoden, die als Maxillipeden, Kieferfüße, ausgebildet sind (Abb. 12, 13). Sie bestehen aus sieben Gliedern, von denen die vier distalen deutlich verbreitert und abgeflacht sind.   In ihrem Bau weichen die Maxillipeden bei ♀♀ mit Oostegiten etwas ab, worauf weiter unten kurz eingegangen werden soll.   Der Protopodit ist bei den Cirolaninen wohl durchgängig mit allen drei Gliedern erhalten.   Die Praecoxa ist sehr klein, sie liegt an der Basis der Coxa nach innen.   Nach außen setzt sich an sie ein Epipodit an, der breiter als lang ist.   Er erstreckt sich bei *Cirolana* meist ziemlich weit nach außen über den Rand der Coxa hinaus (Abb. 12, *ep*).   Bei manchen *Eurydice*-Arten schneiden die Epipoditen nach außen mit dem äußeren Coxarand ab.   Bei *Cirolana* sind die Epipoditen an ihrem äußeren und am distalen Rande mit einigen sehr wenigen und sehr kurzen Borsten besetzt. Am basalen Rande ist der Epipodit an der hinteren Kopfnaht befestigt. Die kräftige, oben ziemlich stark gewölbte Coxa ist ebenso lang oder länger als breit.   Auf der Unterseite innen entspringt an ihr ein Endit. Er erstreckt sich ein Stück in distaler Richtung und wird oben auf der Innenseite der dritten und vierten Maxillipiedenglieder sichtbar.   Nach innen wendet der Endit eine größere, ziemlich ebene Fläche (Abb. 13, l_2).   Deren distaler und unterer Rand ist mit einigen recht kräftigen Borsten besetzt, die in ihrer distalen Hälfte deutlich und dicht gefiedert sind.   Die Borsten spielen bei der Nahrungsaufnahme eine Rolle.   Oben am distalen Rand der Innenfläche des Enditen stehen bei vielen Cirolaninen 1—3 kräftige Haken [von den hier besonders untersuchten Formen hat *Cirolana albinota* VANH. einen (Abb. 12, 13), *C. obtusata* VANH. drei derartige Haken (Abb. 17, *mxp.* 2)].   Es liegen in situ die Innenflächen der beiderseitigen Maxillipedenenditen ziemlich dicht aneinander; die über die Innenfläche hinausragenden Haken führen ein feste Verbindung zwischen beiden Enditen herbei.   Es greifen nämlich die entsprechenden Haken aneinander vorbei und greifen hinter oder vor der Basis des gegenüberliegenden Hakens in eine Vertiefung hinter dem an diesen Stellen besonders festen Enditenrande ein.   Die Tiere scheinen nicht in der Lage zu sein, diese feste Verbindung zwischen den Maxillipedenenditen selbständig zu lösen.   Den Angehörigen der Gattung *Eurydice* LEACH 1815 fehlen Haken am Enditen der Maxillipedencoxa, dieser wird daher von oben gar nicht sichtbar und stellt nur eine dorsale Vorwölbung der Coxa dar.   An seinem distalen Ende trägt er eine oder zwei lange Borsten, von denen die am weitesten distal stehende am größten und dicht gefiedert ist.   Die Richtung des an dem dritten Glied ansetzenden Maxillipedenpalpus verläuft deutlich nach außen, seine einzelnen Glieder sind in viel stärkerem Maße flach gedrückt als die des Protopoditen und erstrecken sich über das ganze Mundfeld des Tieres bis in die Gegend der Oberlippe.   Die Glieder des Palpus sind einander ziemlich ähnlich gestaltet, nach ihrem distalen Ende nehmen sie an Breite zu, so daß am distalen Rande besonders an der Innenseite jeweils ein größeres Stück frei bleibt, da das folgende Glied wieder mit schmaler

Basis ansetzt. An den freien Rändern sind bei *Cirolana* die Palpusglieder ziemlich gleichmäßig mit langen Borsten besetzt, nur an der dorsalen Partie des ersten Palpusgliedes stehen sie weniger zahlreich. An der äußeren Seite stehen auch auf der Ventralseite am distalen Rand jedes Gliedes noch eine Anzahl solcher Borsten unterhalb der Basis des folgenden Gliedes. Bei *Eurydice* finden sich die Randborsten weit weniger zahlreich, am äußeren Rande fehlen sie fast ganz, sie sind im Verhältnis weit kräftiger als bei *Cirolana*. Bei dieser sind die Borsten nach ver-

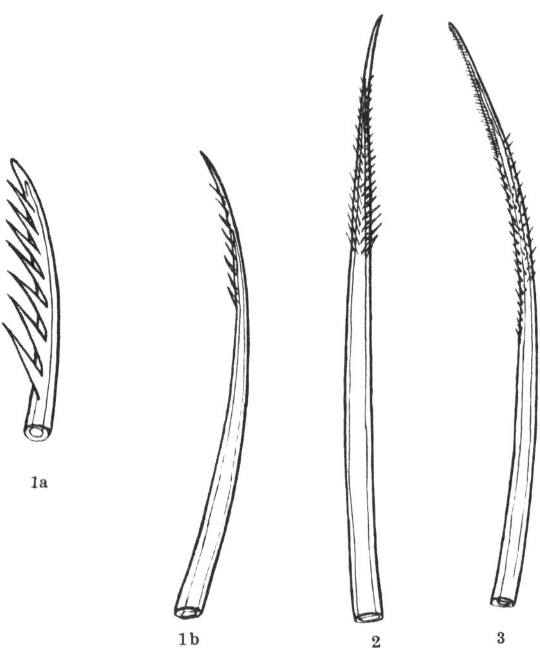

Abb. 14. *Cirolana albinota* VANH. Bautypen der Borsten vom Innenrande der distalen Palpus-glieder. 1a. Die Spitze von 1b stärker vergrößert (160×). Sonstige Erklärungen im Text. Vergr. 110×.

schiedenen Typen gebaut (Abb. 14). Die am äußeren Rande stehenden sind länger und schwächer als die des inneren Randes, die meisten von ihnen sind außerordentlich fein und schwer wahrnehmbar gefiedert. Die am distalen Rande des letzten Gliedes stehenden Borsten sind fast alle in ihrer distalen Hälfte oder im distalen Drittel deutlich bewehrt. Unter ihnen finden sich einige wenige, die an der inneren Seite ihrer Krümmung eine Anzahl sehr kräftiger, bei stärkerer Vergrößerung sich als schuppenförmig gebildet herausstellender kurzer Haare aufweisen (Abb. 14, *1a, 1b*). Eine Anzahl anderer Borsten ist am Ende mit mehreren in Reihen hintereinander stehenden, ebenfalls ziemlich kräftigen kurzen Haaren bestanden (Abb. 14, *2*). Die dritte Sorte von Borsten schließlich besitzt ebenfalls derartige in Reihen angeordnete Haare wie die vorige, die aber kurz vor dem Ende aufhören und auf der inneren Seite der Krümmung von sehr feinen und schwachen Fiedern abgelöst werden (Abb. 14, *3*). Die am inneren Rande der Palpusglieder befindlichen Borsten sind stärker und etwas kürzer als die am äußeren Rande, und ganz glatt. Eine derartige Differenzierung der Palpusborsten konnte bei *Eurydice* nicht festgestellt werden.

Bei den trächtigen und mit Oostegiten ausgerüsteten ♀♀ sind die Maxillipeden in der Weise abgeändert, wie es Hansen (5) für *Cirolana borealis* Lilljeborg und *Eurydice elegantula* H. J. Hansen abgebildet hat. Mir haben keine eiertragenden ♀♀ vorgelegen, auch in der an sich sehr zahlreichen Ausbeute der deutschen Südpolarexpedition fanden sich keine vor.

Bei *Cirolana borealis* entwickelt nach Hansen das eiertragende ♀ am 1. Maxillipedengliede außer dem Epipoditen auch nach innen einen dünnhäutigen lappenförmigen Anhang, der am Rande mit einer großen Zahl sehr kurzer Haare dicht besetzt ist und sich distal schmal auslaufend am Innenrande des Gliedes entlang zieht. Über die Maxillipedenbasis hinaus aber nach hinten entwickelt er sich zu einer ziemlich großen, am Hinterrande abgerundeten Platte. Der Epipodit ist auch vergrößert, mit größeren dünnhäutigen Partien, am Außenrand ist er mit langen gefiederten Borsten dicht besetzt. Schließlich kommt es noch zur Entwicklung einer dem Epopoditen ähnlichen häutigen Außenplatte am zweiten Gliede, die sich nach vorn beträchtlich vorrundet bis zum distalen Rand des dritten Gliedes. An ihrem äußeren Rande ist sie in gleicher Weise wie der Epipodit mit gefiederten Borsten besetzt. Eine in derselben Weise vonstatten gehende Ausgestaltung der Maxillipeden bei eiertragenden ♀♀ konnte Hansen bei *Eurydice* feststellen. Alle diese häutigen Anhänge sind nach Hansen durch Muskeln im Inneren beweglich. Zur Nahrungsaufnahme stehen sie augenscheinlich nicht in Beziehung und werden als rückgebildete und spezialisierte Oostegiten der Maxillipeden gedeutet. Bei den Cirolaninen scheinen sie auch nicht die Tiere in dem Nahrungserwerbe zu beeinträchtigen, wie es bei den parasitischen Cymothoinen der Fall ist.

Die Maxillipeden sind in dem Kopfskelett nicht gelenkig eingefügt, auch ist die ihre Ansatzstelle umgebende Chitinbekleidung des Kopfes ziemlich fest, mit Ausnahme vielleicht der nach vorn, der Ansatzstelle der zweiten Maxille zugewendeten Seite. Es deutet auch die feste Verbindung der beiderseitigen Maxillipedensympoditen durch die Haken ihrer Enditen auf eine geringe Beweglichkeit hin.

2. Kopfinnenskelett und Muskulatur der Mundgliedmaßen.

Um für die zahlreiche und zum Teil sehr kräftig wirkenden Komponenten des Kauapparates genügend Ansatzstellen für deren Muskeln zu bieten, genügt das Außenskelett des Kopfes nicht, und es ist im Inneren des Kopfes jederseits ein chitinöses Innenskelett angelegt (Abb. 15, 19, 20 *Eds.*). Dieses Innenskelett nimmt vom hinteren Rande der Ansatzstelle der Maxillulae an dem Kopf seinen Anfang, wo es sich in Form einer dünnen Chitinlamelle in den Kopf einsenkt. Von dort verläuft es im Kopfinneren nach vorn und ist ein Stück hinter den Antennenwurzeln

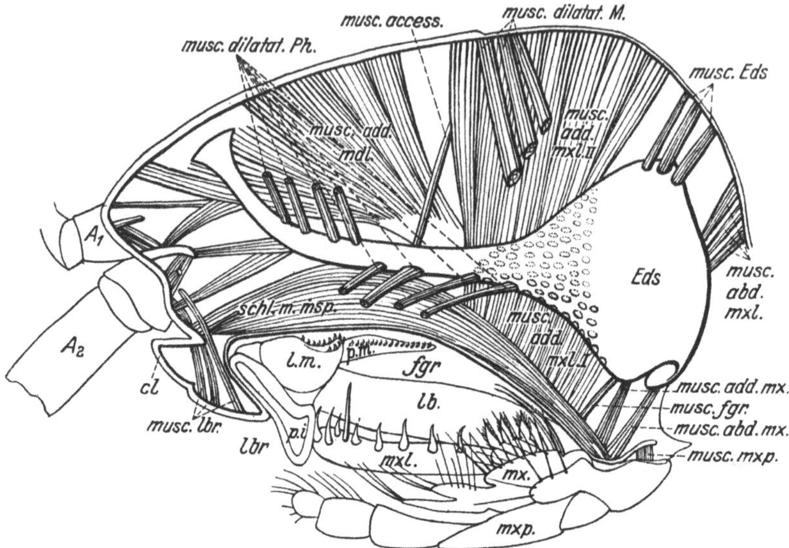

Abb. 15. *Cirolana albinota* VANH. Sagittaler Längsschnitt durch den Kopf, schematisiert. Der Magen ist herausgenommen. Der hintere Teil der Kopfkapsel, mit der das erste Thorakalsegment verschmolzen ist, steckt im 2. Thorakalsegment. A_1 1. Antennen. A_2 2. Antennen, *cl.* Clypeus, *lbr.* Labrum, *p.i.* Pars incisiva der Mandibel (durchschnitten), *l.m.* lacinia mobilis der Mandibel. *p.m.* Pars molaris der Mandibel, *mxl.* Maxillula, *mx.* Maxille, *lb.* Labium, *mxp.* Maxilliped, *fgr.* Futtergrube, *Eds.* Innenskelett, *musc.lbr.* Oberlippenmuskeln. Der hinterste setzt an die bei dem Schnitt verlorengegangene Lamina frontalis an (Abb. 18, *lf*), die sich leistenförmig zwischen den Antennenwurzeln erstreckt. *musc.add.mdb.* Musculus adducens der Mandibeln, *musc.add.mxl. I* das an das Endoskelett ansetzende Paket des Musculus adducens der Maxillula, *musc.add.mxl. II* das an das Außenskelett, die Kopfkapsel, ansetzende Paket des Musculus adducens der Maxillula. *musc.abd.mxl.* Musculus abducens der Maxillula, *musc.add.mx.* Musculus adducens der Maxille, *musc.abd.mx.* Musculus abducens der Maxille, *musc.mxp.* Haftmuskeln des Maxillipes, *schl.m.msp.* der Schließmuskel der Mundspalte, zugleich die Unterlage bei der Tätigkeit von *p.m.* und *l.m.* bildend, *musc.dilatat.Ph.* Erweiterungsmuskeln des Ösophagus, *musc.dilatat.M.* Erweiterungsmuskeln des Magens, *musc.access.* Hilfsmuskel für die Bewegung der Mandibel, setzt zwischen ihr und dem Labium an. Vergr. 13×.

an der oberen Chitindecke des Kopfes nahe der Mitte von innen befestigt. In seinem hinteren Teil unmittelbar unter der Stelle der Einsenkung ist es verhältnismäßig kompliziert gestaltet. Die von dem Außenchitin des Kopfes sich nach innen einsenkende Lamelle trägt auf ihrer nach vorn und nach der Ansatzstelle für die Maxillula zugelegenen Seite eine tütenförmige Lasche. Sie dient als Gelenkpfanne, und der eine frei endigende Ausläufer des ersten Gliedes der Maxillula ist als Gelenkzapfen in sie eingelassen. Etwas weiter nach dem Kopfinneren setzt sich an diese Lamelle, die etwa senkrecht zur Längsrichtung des Kopfes steht, eine unregelmäßig scheibenförmige, etwas nach dem Kopfinneren ausgemuldete Verbreiterung an. Sie überragt nach vorn und nach hinten ihre Ansatzstelle und verläuft zur Längsrichtung des Kopfes ungefähr parallel, doch ist ihre Lage auf einem an dieser Stelle etwa vorge-

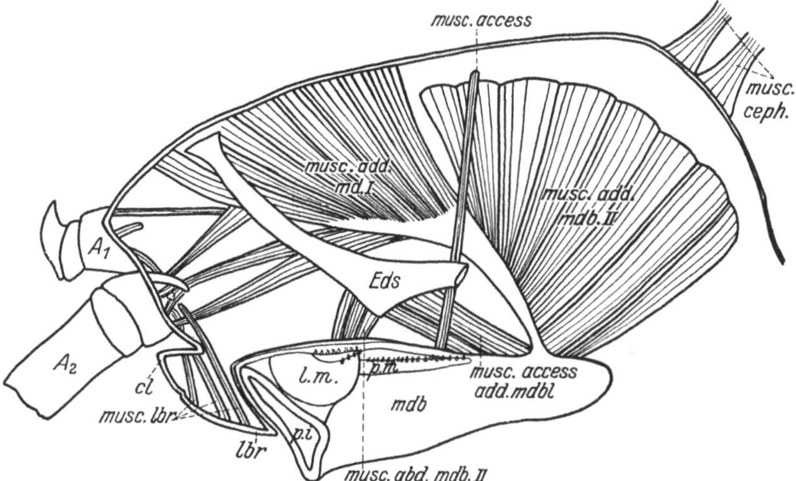

Abb. 16. *Cirolana albinota* VANH. Sagittaler Längsschnitt durch den Kopf, schematisiert. Der Magen ist herausgenommen, ferner Maxillipes und Maxille mit ihrer Muskulatur; dann ist der Balken des Endoskeletts mitten durchschnitten und dessen hintere Verbreiterung, die durch das eine Paket ihres Musculus adducens mit der Maxillula zusammenhängt (s. Abb. 15) samt dieser herausgenommen. Weiterhin sind Labium, Mundspaltenschließmuskel und Magenerweiterungsmuskeln entfernt. *A₁* 1. Antenne, *A₂* 2. Antenne. *cl.* Clypeus, *lbr.* Labrum, *mdb.* Mandibel, *p.i.* Pars incisiva der Mandibel (durchschnitten), *l.m.* Lacinia mobilis der Mandibel, *p.m.* Pars molaris der Mandibel, *Eds.* Innenskelett, *musc.add.mdbl. I* das vordere Paket des Musculus adducens der Mandibel, *musc.add.mdbl. II* das hintere Paket des Musculus adducens der Mandibel, *musc.access.add. mdbl.* Hilfsmuskel für die Adduktion der Mandibel, *musc.abd.mdbl. II.* das zweite, an das Innenskelett ansetzende Paket des Musculus abducens der Mandibel, *musc.ceph.* Verfestigungsmuskeln zwischen dem 2. Thorakalsegment und dem in ihm steckenden Teil der Kopfkapsel. Vergr. 13×. Alles andere wie bei Abb. 15.

nommenen Querschnitt schräg zu denken. Es berühren sich nämlich die beiden soeben geschilderten schüsselförmigen Elemente des Innenskelettes an der Kopfunterseite nahe der Maxillipedenbasis fast unmittelbar mit ihren Rändern, während sie in Richtung nach der Kopfoberseite voneinander divergieren. Diese scheibenförmige Verbreiterung des Innenskelettes läuft nach vorn in ein schmales, festchitinisiertes Band aus von eigentümlicher Gestalt. Ungefähr in der Mitte weist es einen deutlichen nach der Kopfunterseite gerichteten Knick auf, nahe der Längsmittellinie des Kopfes ist es an dessen Oberseite von innen ein Stück hinter der Antennenwurzel festgewachsen.

Von größter Wichtigkeit für die Feststellung der Funktion der Mundwerkzeuge ist die Kenntnis der sie bewegenden Muskulatur; denn aus ihrer Wirkungsrichtung und Stärke kann auf die Art der Bewegung und die Wirkungsstärke der einzelnen Mundgliedmaßen bei Nahrungserwerb und -aufnahme geschlossen werden.

Die Oberlippe, deren schwache Beweglichkeit gegen den Clypeus oben dargetan wurde, ist mit im ganzen 6 Muskelsträngen ausgerüstet, die sämtlich adduzierend wirken (Abb. 15, 16 *musc.lbr*). Je einer von ihnen sitzt nahe dem seitlichen Rande des Labrum dicht hinter dessen Basis

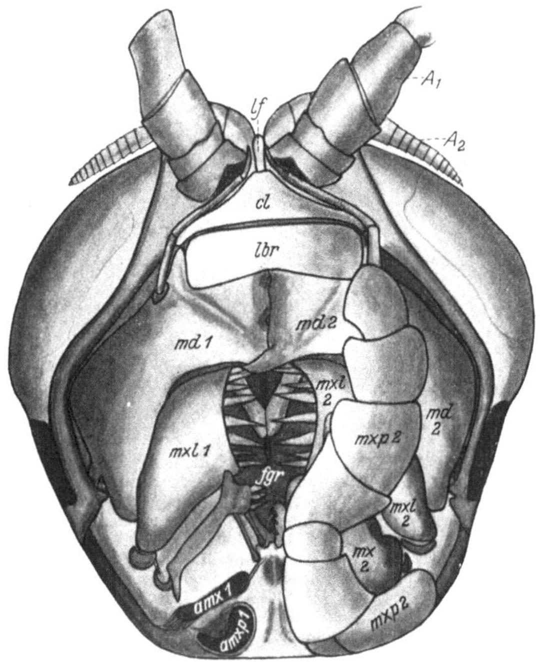

Abb. 17. Ansicht der Ventralseite des Kopfes von *Cirolana obtusata* VANH. Der rechte Maxillipes und die rechte Maxille sind entfernt. A_1 1. Antenne, A_2 2. Antenne, *lf.* Lamina frontalis, *cl.* Clypeus, *lbr.* Labrum, *md*$_1$ rechtsseitige Mandibel, *md*$_2$ linksseitige Mandibel, *mxl*$_1$ rechtsseitige Maxillula, *mxl*$_2$ linksseitige Maxillula, *amx*$_1$ Ansatzstelle der rechtsseitigen Maxille am Kopfskelett, *mx*$_2$ linksseitige Maxille, *fgr.* „Futtergrube" mit der Mundspalte, *amxp*$_1$ Ansatzstelle des rechtsseitigen Maxillipes, *mxp*$_2$ linksseitiger Maxillipes. Vergr. 10×.

an und verläuft zu dem nach innen eingesenkten vorderen Rand des Clypeus. Zwei in derselben Weise verlaufende Muskeln setzen dicht nebeneinander in der Mitte an das Labrum an, etwas weiter entfernt von dessen Basalrand als die beiden erstgenannten. Schließlich setzen unmittelbar hinter diesem mittleren Muskelpaare näher dem distalen Rand zwei weitere Muskeln an das Labrum an. Sie sind erheblich länger als die anderen und verlaufen zu der Lamina frontalis, die zwischen den Fühlerwurzeln leistenartig ins Kopfinnere vorspringt.

Bei den eigentlichen Mundgliedmaßen zeigt sich, daß ein großer Tei ihrer Musculi adductores an das oben geschilderte Kopfinnenskelett angewachsen ist. Wir können uns die Lage der Muskeln im Kopfe am besten verdeutlichen an einem mitten durch den Kopf der Länge nach vertikal geführten Schnitt (Abb. 15, 16).

Für das Studium der Muskulatur der Mandibeln muß man sich vergegenwärtigen, daß ihre Beweglichkeit entsprechend der Lage ihrer Gelenkhöcker (Abb. 1, *c.a*, *c.p*.) so zu denken ist, daß sie um eine durch den

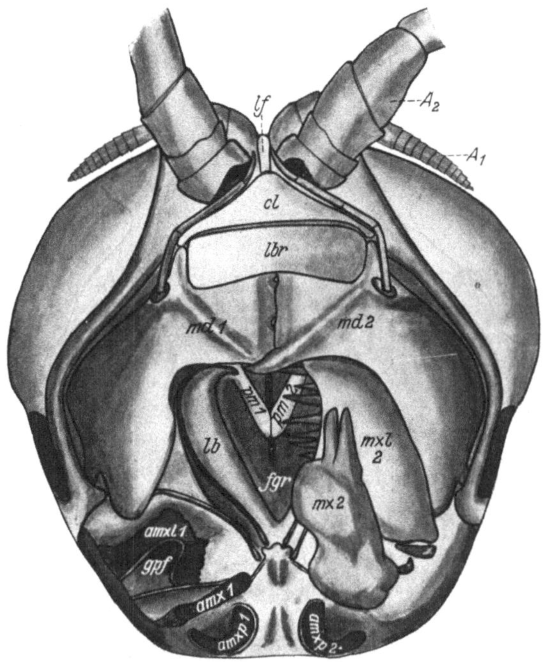

Abb. 18. Ansicht der Ventralseite des Kopfes von *Cirolana obtusata* VANH. Beide Maxillipeden sowie rechte Maxille und Maxillula sind abgetragen. *pm₁*, *pm₂* die Partes molares der Mandibula, *amxl₁* Ansatzstelle der rechtsseitigen Maxillula. Man sieht die von ihrem Hinterrande ins Kopfinnere sich einsenkende Lamelle des Innenskeletts (Abb. 19, 20), die die Gelenkpfanne (*gpf*) für den Gelenkhöcker der Maxillula trägt (Abb. 5, 6, 7), *mxl₂* linksseitige Maxillula, *amx₁* Ansatzstelle der rechtsseitigen Maxille, *mx₂* linksseitige Maxille, *amxp₂* Ansatzstelle des linksseitigen Maxillipes, *lb*. Labium. Vergr. 10×. Alles andere wie Abb. 17.

hinteren und die beiden vorderen Condyli als Achse gezogene Linie erfolgt. Als Adduktor für die Bewegung der Mandibel dient ein außerordentlich umfangreiches Muskelpaket, daß am inneren Rande des hinteren Teiles des Mandibulacorpus mit einer ziemlich stark chitinisierten Sehne ansetzt (Abb. 15, 16, *musc.add. mdb.*; Abb. 21, *musc.add.*). Dieses Muskelpaket läßt deutlich eine Sonderung in zwei Teile erkennen. Die vordere sehr kompakte Partie ist etwa pyramidenförmig gestaltet, wobei das spitze Ende die Sehne darstellt, die an die Mandibel selbst ansetzt. Die zahlreichen Muskelstränge dieses Paketes nehmen fast

die ganze vordere Hälfte der oberen Chitinbekleidung des Kopfes als
Ansatzstelle ein, in der Mitte stoßen die beiderseitigen Muskelgruppen
fast zusammen. Die hintere Partie des adduzierenden Muskelpaketes
der Mandibel liegt bei der Ansicht, die uns die Innenseite der durch den
medianen Längsschnitt erhaltenen Kopfhälfte bietet, unter dem einen
Teil des Musculus adductor der Maxillula verborgen; erst nach deren
Abtragung sehen wir sie. Ihre Ansatzstelle ist ebenso lang, aber wesentlich
schmäler als die der vorderen Partie. Sie befindet sich an dem Teil der chitinösen Kopfkapsel, der nicht mehr frei von oben sichtbar, sondern in das erste freie Thorakalsegment eingeschoben und von dessen Tergit überdeckt ist. Die Muskelstränge der hinteren Partie des Musculus adductor der Mandibel sind entsprechend deren kleinerer Ansatzfläche an das Kopfskelett weniger zahlreich, aber im einzelnen umfangreicher als die der vorderen Partie. Diesem überaus kräftigen adduzierenden Muskel steht ein wesentlich schwächerer Musculus abducens gegenüber, der in mehrere Pakete zerfällt. Deren größtes setzt mitten am Außenrand des hinteren Teiles vom Mandibularcorpus an mit einer kurzen chitinigen Sehne (Abb. 21, *musc. abd. I*). Die einzelnen Muskelstränge werden nach dem anderen Ende, der Ansatzstelle am Kopfskelett, stärker; die Ansatzstelle an der Kopfkapsel liegt ganz außen, so daß die günstigste Wirkung erzielt wird. Die anderen Pakete des

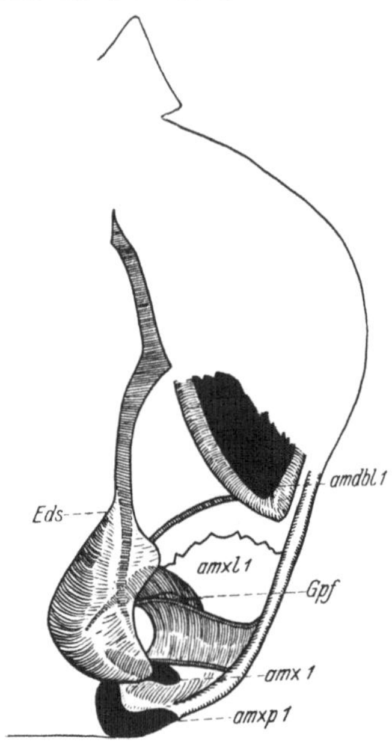

Abb. 19. *Cirolana obtusata* VANH. Senkrechte Aufsicht der Ventralseite der Kopfkapsel vom Kopfinneren her, um das Innenskelett zu zeigen. *amdbl*₁ Ansatzstelle der rechten Mandibel, *amxl*₁ Ansatzstelle der rechten Maxillula, *amx*₁ Ansatzstelle der rechten Maxille, *amxp*₁ Ansatzstelle des rechten Maxillipes. *Eds.* Innenskelett (s. auch Abb. 15), *Gpf.* Gelenkpfanne für die Maxillula an der vom Hinterrand von *amxl.* sich ins Kopfinnere einsenkenden Lamelle des Innenskeletts. Vergr. 10×.

Musculus abducens setzen ebenfalls am Außenrande des hinteren Teiles
vom Mandibularcorpus an, führen aber von dort nach dem längs durch den
Kopf führenden „Balken" des Kopfinnenskelettes und setzen an dessen
mittlerer Verbreiterung an. Der Nutzeffekt dürfte bei diesen Muskeln
geringer sein als bei dem am Kopfaußenskelett ansetzenden. Die am
Kopfinnenskelett ansetzenden abduzierenden Muskeln der Mandibeln
zeigen eine Sonderung in zwei Teile. Die Muskelstränge des vorderen
sind weniger zahlreich, aber stärker, als die dünneren des hinteren Teiles
(Abb. 21, *musc.abd. II*; Abb. 16, *musc.abd.mdb. II*). Daneben setzt an

der mittleren Verbreiterung des Innenskelettbalkens ein sehr starker Muskelstrang an, der von der Innenfläche des unteren Mandibelhohlraumes seinen Ausgang nimmt (Abb. 21, *musc. access. add.*, Abb. 16, *musc. access.add.mdbl.*). Die Funktion des Muskels ist mir nicht ganz klar, es scheint, daß seine Tätigkeit mehr die des Musculus adducens unterstützt als die des Musculus abducens. Ferner liegt in dem nach unten offenen Hohlraum des hinteren Mandibelteiles eine Muskelgruppe, bei der an eine in der Mitte verlaufende Sehne von beiden Seiten kurze Muskelstränge ansetzen (Abb. 22 I). Diese Sehne verläuft dann in das lockere Chitinband, durch das die Mandibel längs der Linie von den vorderen Gelenkhöckern zur vorderen Ecke der unteren Mandibelöffnung mit dem Kopfskelett verwachsen ist. Welche Spezialaufgabe diesem Muskel bei der Funktion der Mandibel eigentlich zukommt, ist schwer zu sagen. Sicherlich unterstützt er die Wirkung der adduzierenden Muskeln. Seine Mitwirkung beim Schneideakt der Mandibeln ist vielleicht besonders von Wichtigkeit, wenn diese weit geöffnet sind, wobei er vielleicht noch zur Entlastung der dann besonders beanspruchten hinteren Gelenkhöcker der Mandibeln dient. Im vorderen Teil des Mandibelhohlraumes finden sich dann an Muskeln noch der Musculus abducens des basalen Palpusgliedes, der mit einer Sehne nahe an dessen Basis ansetzt. Das kegelförmige aus mehreren Strängen bestehende eigentliche Muskelpaket liegt im Corpus mandibulae (Abb. 22, *musc.abd.* P_1). Ein Musculus adducens fehlt. Die Beweglichkeit der Pars molaris

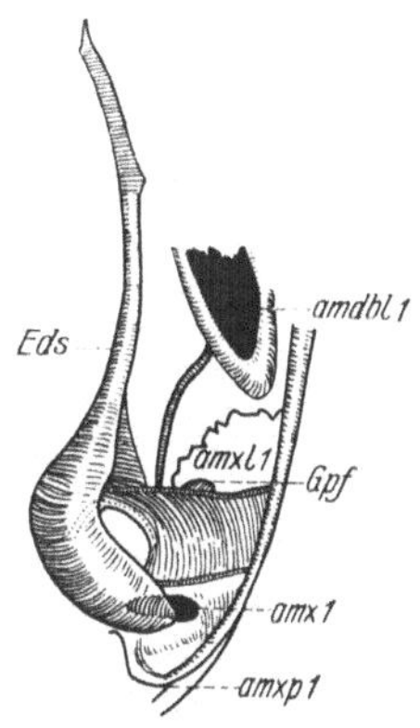

Abb. 20. *Cirolana obtusata* VANH. Aufsicht auf die Ventralseite der Kopfkapsel, vom Kopfinnern her, unter einem Winkel von 30° schräg von außen gesehen. Vergr. 10×. Erklärungen wie bei Abb. 19.

ist rein passiv, an ihr wirkende Muskeln sind nicht vorhanden. Das mittlere Palpusglied ist in zweifacher Weise beweglich. Der Musculus adducens (Abb. 22, *musc.add.* P_2) liegt mit seiner Hauptmasse im basalen Palpusgliede und setzt dicht an der Basis des mittleren Gliedes an, der Musculus abducens (Abb. 22, *musc.abd.* P_2) ist in der Hauptsache in diesem untergebracht und greift kurz vor dem distalen Ende an das basale Glied an. Das letzte Glied des Palpus ist nur durch einen adduzierenden Muskel beweglich (Abb. 22, *musc.add.* P_3).

Die Maxillula ist ebenfalls mit sehr starken Muskeln ausgerüstet, so daß sie in der Lage sein muß, eine recht kräftige Wirkung auszuüben. Adduzierend wirken zwei starke voneinander völlig gesonderte Muskelpakete (Abb. 15, *musc.add.mxl. I, II*; Abb. 23, *musc.add. I, II*). Das kleinere von ihnen setzt an der Maxillula an drei größeren Ansatzstellen an, von denen die eine am inneren Rande des dritten Gliedes nahe dessen

Basis liegt, die andere an der basalen Hälfte des Enditen vom ersten Gliede der Maxillula, die dritte an der Coxa. Dieses Muskelpaket wirkt von der plattenförmigen Verbreiterung des Innenskelettes aus. Die Verbreiterung des Innenskelettes zerfällt, wie oben geschildert, in zwei Hälften, die durch eine mitten unter ungefähr einem rechten Winkel von ihr abgehende Lamelle gesondert sind (Abb. 19, 20, *Eds*). Durch diese Lamelle steht das Innenskelett mit dem Außenskelett in Verbindung. Die Muskelstränge des adduzierenden Muskels der Maxillula sind nur an der vorderen Hälfte der plattenförmigen Verbreiterung des Innenskelettes festgewachsen, wo ihre Ansatzstellen von der anderen Seite her sichtbar sind. Das zweite Paket (Abbild. 15, 23 *musc. add. mxl. II*) des Musculus adducens setzt mit einer sehr festen, bandartigen Sehne im Inneren der Maxillula an, von dieser Sehne nehmen die einzelnen Muskelstränge ihren Ausgang. Sie sind wesentlich länger als diejenigen des erst geschilderten Paketes, denn sie wirken vom hinteren Teile der Kopfkapsel aus, der in das erste freie Thorakalsegment eingelassen ist.

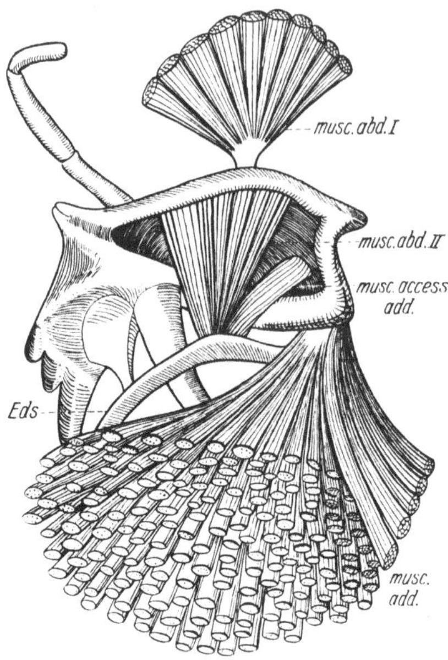

Abb. 21. Ansicht der linksseitigen Mandibel von *Cirolana albinota* VANH. von der Dorsalseite, mit der Muskulatur. Nicht auf dieser Abb. mitgezeichnet ist der im Innern des Corpus mandibulae liegende Muskel, sowie die Muskeln des Palpus (Abb. 20). *musc.abd. I* das erste Paket des Musculus abducens, setzt an die Kopfkapsel an, *musc.abd. II* das zweite Paket des Musculus abducens, setzt an das Innenskelett an, *musc.add.* Musculus adducens, *musc.access. add.* Hilfsmuskel für die adduzierende Wirkung von *musc.add.*, *Eds*. Teil des Innenskelettbalkens (Abb. 15). Vergr. 10×.

Durch einen selbständigen Muskel wird bewegt das distale Ende des Enditen des ersten Gliedes. Es trägt auf der Dorsalseite seiner kugeligen, mit Dornen besetzten Auftreibung, wie oben gezeigt, einen unter rechtem Winkel herausspringenden kurzen, am Ende hakigen Chitinzapfen, an dem einige aus dem Inneren des dritten Gliedes heraustretende Muskelstränge ansetzen (Abb. 23, *musc.l_1*). Sie haben vor allem die Aufgabe, den Neigungswinkel der Endauftreibung des Enditen zum dritten Maxillulengliede zu verändern. Eine Verschiebung des Enditen etwa unter das dritte Glied wird durch den Chitinzapfen verhindert, mit dem das distale Ende des Enditen des ersten Gliedes rückwärts ventral über das dritte Glied greift.

Der Musculus abducens endlich ist ziemlich schwach, er setzt an dem am weitesten nach hinten freien Ende der Praecoxa an (Abb. 23, *musc. abd.*) und verläuft ziemlich kurz zur Chitinkapsel des Kopfes. Da die Maxillula nur einen Gelenkkopf besitzt, ist ihre Beweglichkeit ziemlich verschiedenartig. Vor allen Dingen verlaufen ihre Bewegungen in der Querrichtung zum Kopf; dann aber ist auch durch Änderung des Winkels, unter dem das erste und zweite Glied der Maxillula an das dritte ansetzen (Abb. 7), eine Streckung des Gesamtgliedes und damit eine Bewegung in der Längsrichtung des Kopfes möglich. Schließlich kann auch eine

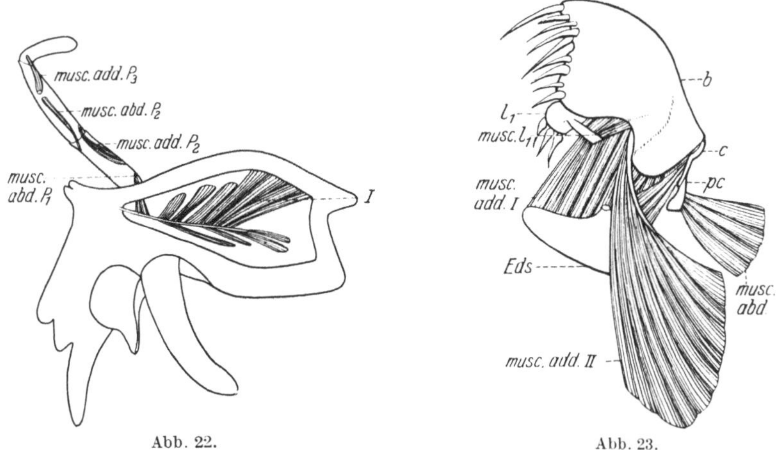

Abb. 22.   Abb. 23.

Abb. 22. Ansicht der rechtsseitigen Mandibel von *Cirolana albinota* VANH., von der Dorsalseite, mit den im Innern des Corpus mandibulae liegenden Muskeln und denen des Palpus. *I* Im Innern des Corpus mandibulae liegender Muskel. Über seine Funktion vgl. den Text. *musc.abd.P_1* Musculus abducens des 1. Palpusgliedes, *musc.add.P_2* Musculus adducens des 2. Palpusgliedes, *musc.abd.P_2* Musculus abducens des 2. Palpusgliedes, *musc.add.P_3* Musculus adducens des 3. Palpusgliedes. Vergr. 10×. — Abb. 23. Ansicht der rechtsseitigen Maxillula von *Cirolana albinota* VANH. von der Dorsalseite und schräg von vorn. *pc.* Praecoxa, nur ihr äußerster Ausläufer (Abb. 5, 6, 7) sichtbar, *c* Coxa, *b* Basis, *l_1* Endit der Praecoxa, *musc.add.I* erstes Paket des Musculus adducens, an der Mundgliedmaße im Innern von *b*, an der Basis von *l_1* und an *c* ansetzend, *musc.add.II* zweites Paket des Musculus adducens, mit einer Sehne im Innern von *b* ansetzend, *musc.abd.* Musculus abducens, am äußeren Ausläufer von *pc.* ansetzend, *musc.l_1* Muskel zur Bewegung von *l_1*. Vergr. 10 ×.

gewisse Bewegung vor allem ihres am meisten distalen Teiles in der Vertikalrichtung erfolgen.

Die Maxille besitzt eine wesentlich schwächere Muskulatur als die vorhergehenden Mundgliedmaßen. Als Adduktores wirken eine Reihe von Muskelsträngen (Abb. 24, *musc.add.*), die sich im Inneren des Gliedes voneinander trennen und eine größere Zahl von verschiedenen Ansatzstellen haben. Von ihnen liegt die am weitesten distale innen an der Basis des inneren Komponenten des gespaltenen Lobus vom dritten Gliede, der am weitesten basale an der Partie verstärkten Chitins des zweiten Gliedes. Abduzierend sind tätig ein ziemlich starker Muskelstrang, der auch an der festen Chitinstelle des zweiten Gliedes ansetzt, und zwei kleinere Muskeln, die an der Partie verfestigten Chitins des ersten Gliedes festhaften (Abb. 24, *musc.abd.*). Alle diese Muskeln wirken von der scheibenförmigen Verbreiterung des Innenskelettes aus, und zwar von deren hinter der Mitte ansetzenden Lamelle liegenden Teil. Die adduzierenden Muskeln sind ein gut Teil weiter vorn festgeheftet als die abduzierenden. Daher ist bei der im hinteren Teil verstärkten Krümmung des Innenskelettes für beide Muskelgruppen die Wirkungsmöglichkeit genügend günstig (Abb. 15, 16). Die Bewegung der Maxille erfolgt nur in der Querrichtung zum Kopf, wobei eine eigentliche gelenkige Verbindung zum Kopfskelett nicht besteht und der „Angelpunkt" für die Bewegung wohl an der Stelle liegt, wo die harte Chitinpartie des ersten Gliedes unmittelbar an die feste Kopfkapsel angrenzt, ohne größere dazwischen befindliche Strecken weichhäutigen Chitins. Das ist ungefähr in der Mitte der Grenzfläche zwischen Maxille und Kopf der Fall.

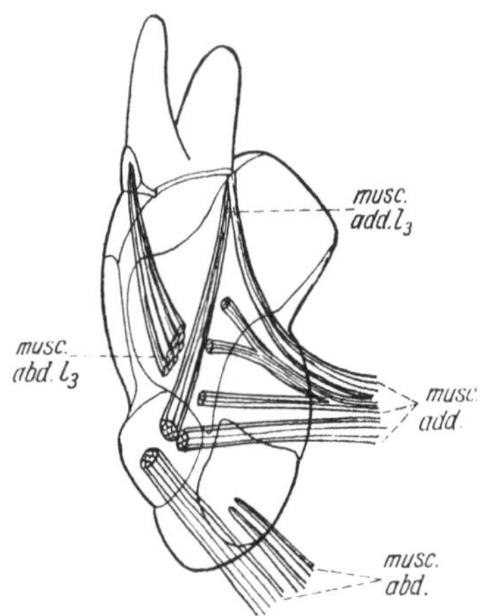

Abb. 24. Rechte Maxille von *Cirolana albinota* VANH. Ventralseite; die im Innern liegende Muskulatur ist eingezeichnet, ferner die Umrisse der einzelnen Glieder (Abb. 8). *musc.add.* die für das gesamte Glied adducierend wirkenden Muskelgruppen, *musc.abd.* die für das gesamte Glied abducierend wirkenden Muskeln, *musc.add.l₃* der Musculus adducens des Enditen am 3. Gliede, *musc.abd.l₃* der Musculus abducens des Enditen am 3. Gliede. Vergr. 16×.

Im Inneren der Maxille liegen noch zwei Muskeln, die eine selbständige Bewegung des gespaltenen Enditen vom dritten Gliede ermöglichen. Der adduzierende Muskel setzt ganz innen an der Basis der beiden Komponenten des Enditen an, der abduzierende ganz außen an ihrer Basis, an einem kleinen selbständigen Stück festen Chitins (Abbild. 24, *musc. add. l₃, abd. l₃*). Dieses ist, wie oben erwähnt, nicht den übrigen Chitinverfestigungen der Maxille an morphologischem Wert gleich zu setzen. Seine Existenz wird somit wohl am besten durch die Notwendigkeit einer festen Ansatzstelle für den betreffenden Muskel erklärt. Von diesen beiden den Lobus der Basis bewegenden Muskeln wirkt der adduzierende von dem festen Chitin des zweiten Gliedes aus, der abduzierende von dem des Enditen der Coxa.

Bei den Maxillipeden ist die Bewegungsmöglichkeit des Basipoditen gegen das Kopfskelett durch die gegenseitige Verhakung der Enditen der zweiten Glieder ineinander außerordentlich gering, dementsprechend sind die den Maxillipeden mit dem Kopf verbindenden Muskel sehr schwach. Die Haftstelle für diese Muskeln am Kopfskelett wird durch eine kurze Chitinzunge dargestellt, die vom Vorderrand der Ansatzstelle des Maxillipeden an die Kopfkapsel etwas in die Tiefe eingesenkt ist (Abb. 17, 18, *amxp.*).

Es handelt sich um vier Muskelstränge, von denen der eine aus der Praecoxa, ein anderer aus deren Epipodit und zwei weitere aus der Coxa des Maxillipeden entspringen (Abbild. 25, *I*). Es ist zweifelhaft, ob diese Muskeln eine andere als lediglich verfestigende Wirkung ausüben. Die Beweglichkeit des dritten Gliedes des Protopoditen gegen das zweite kann ebenfalls nur gering sein, immerhin sind zwei kleine Muskeln vorhanden, die adduzierend und abduzierend wirken und am Außen- und Innenrand der Basis des dritten Gliedes ansetzen (Abb. 25, *musc.add.* und *abd. b.*). Die Beweglichkeit der Glieder des Maxillipeden ist vorwiegend, schon wegen ihrer abgeplatteten Form, eine seitliche. Am größten scheint die Beweglichkeit zwischen dem dritten und vierten Maxillipedengliede zu sein, zwischen denen in der Ruhelage der Glieder eine deutliche Abbiegung in der Längsrichtung besteht. Die Muskeln, die an der Basis des vierten Gliedes ansetzen und die Aufgabe haben, die hauptsächlichen Bewegungen des gesamten Maxillipedenpalpus durchzuführen, sind sehr stark und greifen durch das dritte Glied hindurch in das zweite hinüber, wo sie festgewachsen sind (Abb. 25, *musc.add.* und

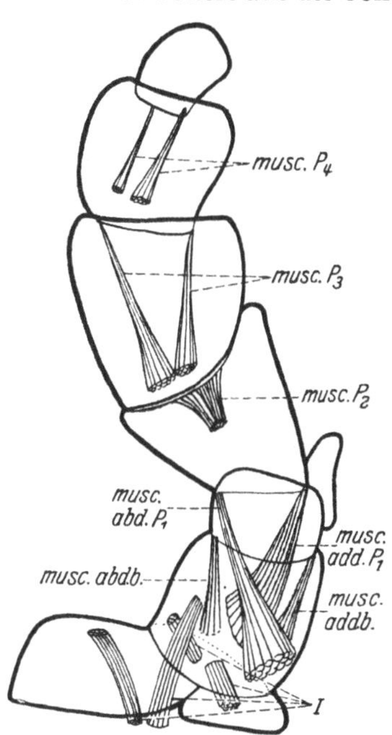

Abb. 25. Rechter Maxillipes von *Cirolana albinota* VANH. Ventralseite; die im Innern liegenden Muskeln sind eingezeichnet, vgl. Abb. 12. *I* Haftmuskeln des Maxillipeden an der Kopfkapsel, *musc.add.b.* der Musculus adducens des Basipoditen, *musc.abd.b.* der Musculus abducens des Basipoditen, *musc.add.P₁* der Musculus adducens des ersten Palpusgliedes, *musc.abd.P₁* der Musculus abducens des ersten Palpusgliedes, *musc. P₂, P₃, P₄* zur Bewegung der distalen Palpusglieder dienende Muskeln. Vergr. 14×.

abd. P₁). Die Beweglichkeit zwischen dem vierten und fünften Gliede ist im Gegensatz zu der zwischen allen anderen Maxillipedengliedern eine ausschließlich vertikale; für sie besteht nur ein adduzierender Muskel, der an dieser Stelle eine vertikale Beugung des Maxillipedenpalpen bewirkt. Er nimmt seinen Ursprung von der Ventralwandung des ersten Palpengliedes und setzt dann breit an den dorsalen Rand der ein sehr langgestrecktes Oval bildenden Basis der zweiten Palpusglieder an (Abb. 25, *musc. P₂*). Die das sechste Glied bewegenden Muskeln er-

strecken sich durch das ganze fünfte Glied und setzen weit voneinander
entfernt an das sechste Glied an. Das letzte Glied endlich ist im Gegensatz zu dem vorhergehenden mit ausschließlich horizontaler Beweglichkeit, ähnlich wie das drittletzte auch ein wenig vertikal beweglich: die
beiden es bewegenden Muskeln setzen nicht außen und innen an seiner
Basis an, sondern mehr oben und unten an dem Oval, das die Basis des
Gliedes im Querschnitt bildet (Abb. 25, *musc.* P_4).

Die Unterlippe hat keine Muskeln, die unmittelbar zu ihrer Bewegung
dienen. Somit wird sie also nur passiv bewegt, und zwar hauptsächlich
durch die seitlich außen von ihr liegenden Mandibeln. Aber immerhin
stehen zwei kleine Muskeln in einiger Beziehung zu ihr, die hier erwähnt
werden sollen. Der eine von ihnen setzt an dem faltigen und weiten
Streifen dünnen Chitins zwischen Unterlippe und Mandibeln jederseits
ungefähr in der Mitte der Länge des hinteren festgewachsenen Mandibelteiles an und zieht sich von da lang und schmal bis zur Oberseite der
Kopfkapsel hin (Abb. 15, 16, *musc.access.*). Er dient wahrscheinlich zur
Unterstützung der Bewegungen der Mandibel, und verleiht wohl auch
der Unterlippe eine gewisse Beweglichkeit durch Anspannen der Chitinhaut, in deren Nähe sie unmittelbar festgewachsen ist. Ein anderer,
ebenfalls sehr schmaler Muskel, auch paarig vorhanden, geht aus vom
ventralen Rande der hinteren Verbreiterung des Endoskelettes und setzt
nahe der Stelle der Vereinigung beider Paragnathenäste dicht vor ihnen
an den Boden der Futtergrube an. Er dient wohl dazu, die in der Futtergrube befindlichen Nahrungsmengen in deren hinterem Teil zu bewegen
(Abb. 15, *musc.fgr.*).

3. Ösophagus, Magen und ihre Muskulatur.

Am Grunde der Futtergrube befindet sich die Mundspalte, die lang
und schmal sich in deren vorderer Hälfte erstreckt. Die Mundspalte ist
durch einen sehr kräftigen Schließmuskel verschließbar, der sich beiderseits an ihr entlangzieht und vorn an der Basis des Clypeus, hinten etwa
zwischen den Ansatzstellen der Maxillen und Maxillipeden an der Kopfkapsel von innen ansetzt (Abb. 15, *schl.m.msp.*). Dieser Schließmuskel
ist seitlich ziemlich ausgedehnt und dadurch in die Lage versetzt, gleichzeitig auch als Unterlage für die später zu besprechende Funktion der
Lacinia mobilis und Pars molaris an den Mandibeln zu dienen. Die
Öffnung der Mundspalte geschieht ebenfalls aktiv: Unmittelbar dorsal
vom Schließmuskel setzen am vorderen Teil der Mundspalte einige kleine
Muskeln an, die von der Kopfkapsel aus, von einer Stelle seitlich der
Basis des Labrum her, wirken. Auf die Mundspalte folgt der kurze und
ziemlich weite Ösophagus, dessen Wandungen mit Muskeln ausgekleidet
sind. Am weitesten vorn läuft an der Ösophaguswandung ein Muskelstrang, der von der Basis des Clypeus sich dorsal an die Kopfkapsel zieht,

wo er zwischen den vorderen Verwachsungsstellen zwischen dieser und dem Innenskelett an die Kopfkapsel ansetzt. Den Ösophagus schließen nach dem eigentlichen Magen hin zwei ins Innere vorspringende Falten ab. Sie sind von zwei Muskeln gebildet, die sich von der hinteren Anwachsstelle des Mundspaltenschließmuskels an die Kopfkapsel (zwischen den Ansatzstellen der Maxillen und Maxillipeden) nach vorn dorsal hinaufziehen, um ebenfalls zwischen den vorderen Verwachsungsstellen zwischen Innen- und Außenskelett an dieses anzusetzen. Die zwischen diesen Begrenzungslängsmuskeln liegende Wandung des Ösophagus ist von flachen Muskeln bedeckt, die in breiter Front an dem vorderen Begrenzungsmuskel ansetzen und sich nach hinten schmal zur Festhaftungsstelle des Mundspaltenschließmuskels an der Ventralseite der Kopfkapsel ziehen. Zwischen diesen Muskeln setzen an die Wand des Ösophagus von außen noch dem Zwecke seiner Erweiterung dienende Muskeln an, die von der Innenseite des Innenskelettsbalkens aus wirken (Abb. 15, *musc.dilatat. Ph.*). Ähnliche Erweiterungsmuskeln sind auch am eigentlichen Magen zu konstatieren. Sie wirken von der Dorsalseite der Kopfkapsel aus (Abb. 15, *musc.dilatat. M.*). Am ganz dünnhäutigen, nicht muskulösen Magen ist ein Vorhandensein der sogenannten „Stücke" und der mit ihnen in Verbindung stehenden Rinnen bei den daraufhin untersuchten Cirolana-Arten nicht zu konstatieren. Die Seitenwandungen des Magens sind lediglich gerunzelt, die Runzeln laufen jederseits nahe der Falte zwischen Ösophagus und Magen zum Teil nach einem Punkte zusammen.

4. Die Einmündung der Leberschläuche.

Gut ausgebildet sind die Filtervorrichtungen an der Einmündungsstelle der Mitteldarmdrüsen. Diese Filtereinrichtungen münden in eine taschenartige Einsenkung an der Ventralseite des Magens (Abb. 26, 27, *III*) als drei ungefähr in Form eines gleichseitigen Dreiecks angeordnete Schlitze oder Spalten. Diese sind jeweils eingefaßt von zwei eng aneinanderliegenden Chitinplättchen, die am distalen Rand gesäumt sind von einem etwas schwammigen, weichen Rand. Die ganze Filtervorrichtung ist von einer ösenförmigen Chitinspange rings eingefaßt (Abb. 26, 27, *IV*). Unter ihr liegt der unpaare Ausführungsgang der Leberschläuche, der durch jene Filtervorrichtungen in die ventrale Tasche der Magenwand mündet (Abb. 26, 27, *II*). Die Chitinspange ist durch zwei dünne, von ihrem Vorderrande ausgehende, jederseits der Mundspalte sich entlangziehende Muskelstränge mit den Vorderecken des Labrum verbunden (Abb. 26, 27, *VII*). Durch Anziehen der Muskeln kann augenscheinlich die die Filtereinrichtungen enthaltende Tasche des Magens geöffnet werden. Außerdem besteht noch eine selbständige Einrichtung zum Öffnen und Schließen des Ausführganges der Leberschläuche. Es kann nämlich der hintere Rand der ösenförmigen Chitin-

spange durch Muskeln an die Magenwand herangedrückt werden, die
von ihm vertikal an der seitlichen Magenwandung dorsalwärts laufen
und an ihr etwa in der Mitte ansetzen (Abb. 26, 27, *V*). Durch den Zug
dieser Muskeln wird der Ausführgang der Leberschläuche, der zwischen
der Magenwandung und der Chitinspange liegt, zugedrückt und geschlossen. Eine Öffnung des Ausführganges wird vielleicht durch Muskeln bewirkt, die innerhalb der Spange längs von ihrem vorderen zu
ihren hinteren Rand laufen (Abb. 26, 27, *VI*); deren Zug würde eine

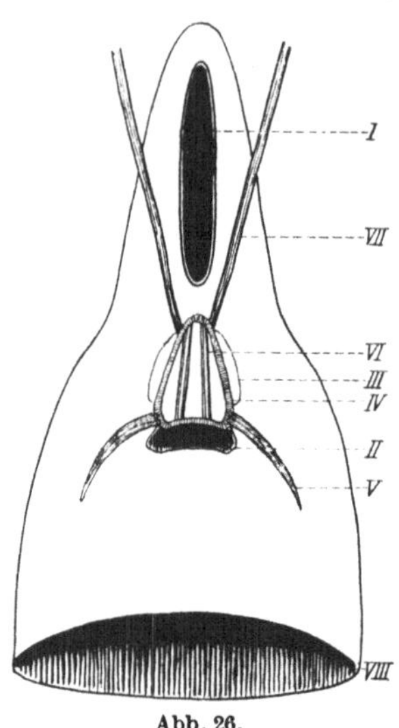
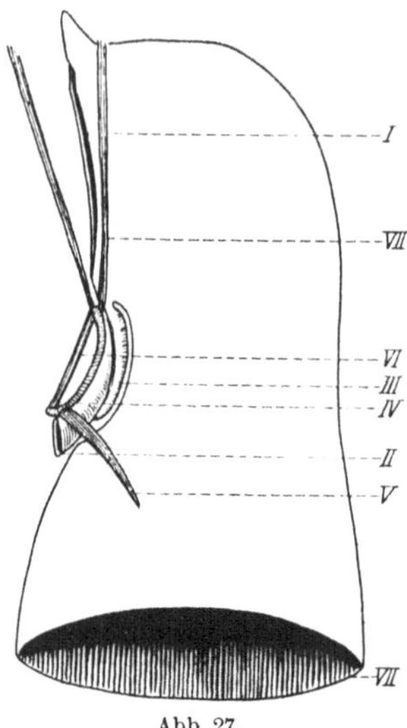

Abb. 26.   Abb. 27.

Abb. 26 (s. auch Abb. 27). Vorderabschnitt des Magens von *Cirolana albinota* VANH., schematisiert.
Ventralseite. *I* Schlundöffnung, *II* Endabschnitt des unpaaren Ausführungsganges der Leberschläuche; diese selbst sind entfernt, *III* Tasche in der Magenwand, in die der Ausführungsgang
der Leberschläuche mündet, *IV* Chitinring an der Ventralwand der Magentasche (*III*) und des Leber-
ausführungsganges; hält jene in der Ruhelage geschlossen, *V* Schließmuskeln des Endabschnitts
am Ausführungsgange der Leberschläuche. *VI* Muskeln, die entweder als Antagonisten zu *V*
wirken und eine selbständige Öffnung des Endabschnitts am Leberausführgange bewirken oder
nach dessen Verschluß seinen Inhalt in die Magentasche pressen, in die er mündet, *VII* Muskeln, die die Öffnung der Magentasche (*III*) in das Lumen des Magens bewirken; sie setzen an
der Innenseite der Kopfkapsel neben dem Labrum an, *VIII* Lumen des Magens. Vergr. 10×. —
Abb. 27. Vorderabschnitt des Magens von *Cirolana albinota* VANH., schematisiert. Seitenansicht.
Erklärung der Abb. wie bei Abb. 26. Vergr. 10×.

Krümmung der Spange herbeiführen und dabei ihren Hinterrand von
der Magenwandung ein wenig entfernen, was für den Ausführgang der
Leberschläuche eine Öffnung bedeutet. Es ist aber auch möglich, daß
diese Längsmuskeln innerhalb jener ösenförmigen Chitinspange gleichzeitig mit den vorhin erwähnten Schließmuskeln des Ausführganges der
Leberschläuche wirken. Dadurch würden die in dem dann abgeschlosse-
nen letzten Teil dieses Ausführganges enthaltenen Sekrete durch die
Filtervorrichtungen in die Tasche der Magenwand gepreßt, in die diese
Filtervorrichtungen münden. Nach hinten geht das Lumen des Magens
in das des ziemlich weiten, dünnhäutigen Mitteldarms allmählich über.

5. Das Zusammenwirken der Mundgliedmaßen.

Auf Grund der morphologischen und anatomischen Befunde der Mundwerkzeuge und ihrer Muskulatur bei den Cirolaninen kann nun auch auf die Art ihrer einzelnen Funktionen geschlossen werden, zu deren Veranschaulichung am besten eine Aufsicht auf die Ventralseite des Kopfes und ein sagittaler Längsschnitt durch den Kopf dienen mag (Abb. 15—18).

Die Mundgliedmaßen sind angeordnet um eine deutliche Grube, die „Futtergrube" (Abb. 15, 17, 18, *fgr.*). Sie ist rings eingefaßt von den Paragnathen, an ihrem Grunde liegt die Mundspalte. Diese Futtergrube dient dazu, den ergriffenen Nahrungsbrocken aufzunehmen, während er zerkleinert und für die Überführung in Darmtraktus zurechtgemacht wird. Eine solche Futtergrube ist durchaus funktionell analog dem Munde der Wirbeltiere, wir finden sie durch GRAHAM CANNON u. S. M. MANTON auch bei der in der Art des Nahrungserwerbs sehr von *Cirolana* abweichenden *Hemimysis lamornae* (COUCH) beschrieben (4).

Der Vorgang der Nahrungsaufnahme ist nun folgender: Der zur Aufnahme in die Futtergrube bestimmte Nahrungsbrocken wird von der Pars incisiva, dem Schneiderand der Mandibeln, von der Nahrungsmasse losgeschnitten. Es wurde oben gezeigt, wie die Bewegung der Mandibeln um eine durch die beiden vorderen und den hinteren Gelenkhöcker als Achse gezogen zu denkende Linie erfolgt. Dadurch, daß die Achse nicht wie die Mandibelschneideränder parallel zur Längsrichtung des Kopfes, sondern etwas schräg zu ihr verläuft, kommt es, daß bei Öffnung der Mandibeln ihre beiderseitigen Partes incisivae am weitesten vorn, wo sie unter dem Labrum liegen, sich fast gar nicht, hinten aber sehr weit voneinander entfernen. So haben wir einen exakten Scherenapparat vor uns, und dieser stimmt mit dem riesigen Zahn am Ende, der an die Eckzähne der Raubtiere unter den Säugetieren deutlich erinnert, vollkommen funktionell mit dem Scherenapparat überein, der durch den Kiefer der Carnivoren dargestellt wird, nur daß er dort in doppelter Ausführung vorhanden ist. Der sehr große adduzierende Muskel der Mandibeln läßt auf eine recht bedeutende Kraftwirkung schließen. Hierbei wird der vordere freie Mandibelteil besonders beansprucht und ist deshalb durch eine stumpfe kielartige Chitinverdickung von dem vorderen Gelenkhöckern zu den Zähnen der Schneideränder wirkungsvoll verstärkt (Abb. 17, 18, *mdb. 1, 2*). Der durch die Mandibeln losgeschnittene Nahrungsbrocken gelangt dann in den Bereich des unmittelbar unter den Schneiderändern liegenden distalen Endes des großen Enditen an der Maxillula (Abb. 15)[1], wo dessen Zähne nicht einreihig, sondern etwa in einem Kreise stehen und eine Art Korb bilden. Hier wird der Nah-

---

[1] Der Übersichtlichkeit halber ist an der Zeichnung des sagittalen Längsschnittes durch den Kopf die Maxillula etwas nach oben und zurück genommen.

rungsbrocken grob zerkleinert und zerwirkt. Ohne Zweifel darf man bei den Cirolaninen den Maxillulae eine derartige Wirkung zuschreiben im Gegensatz zu den Verhältnissen bei den übrigen Isopoden, wo den Maxillulae nur eine untergeordnete Bedeutung bei der Nahrungszerkleinerung zukommt. Auf die vermutlich recht kräftige Wirkung, die die Maxillulae bei *Cirolana* entfalten können, lassen die sehr umfangreichen sie bewegenden Muskeln schließen. Nachdem der Nahrungsbrocken die Maxillulae passiert hat, gelangen die vielen und sehr kleinen Stücke, in die er durch sie zerlegt worden ist, in die Tiefe der Futtergrube in den Wirkungsbereich der Pars molaris und der Lacinia mobilis an der Mandibel. In der Wirkungsweise dieser Komponenten des Mandibelkaurandes liegt eine besondere Eigentümlichkeit der nichtparasitären Cymothoiden. Weiter oben wurde gezeigt, wie an beiden Mandibeln Pars molaris und Lacinia mobilis ganz symmetrisch ausgebildet sind, und dies kann als eine Folge davon angesehen werden, daß sie nicht gegeneinander wirken. Fast stets findet sich bei den *Peracarida* eine asymmetrische Ausbildung der beiderseitigen Partes molares und Laciniae mobiles, wenn diese Teile beim Zerkleinern der Nahrung gegeneinander wirken. Die Wirkung aber dieser Kaurandkomponenten bei *Cirolana* hat man sich nach Art derer einer Raspel oder Kratze zu denken, durch die die von der Maxillula grob zerkleinerten, auf den Boden der Futtergrube gelangten Nahrungspartikel fein zermahlen werden. Und zwar sind dabei Pars molaris und Lacinia mobilis in der Funktion nicht verschieden: jene wirken am hinteren, diese am vorderen Teil der Futtergrube. Die Unterlage für die Raspel- und Mahlbewegungen bietet der Boden der Futtergrube, der, wie oben gezeigt, mit einigen sehr kräftigen Muskeln unterlegt ist, die auch den Verschluß der Mundspalte bewirken. Das Zustandekommen der Raspelbewegung ist in folgender Weise zu denken. Beim Öffnen der Mandibeln wird die Basis der Pars molaris etwas ventralwärts und besonders auch nach außen bewegt. Da, wie oben gezeigt wurde, die Pars molaris in der Weise beweglich ist, daß sie wohl dorsalwärts und nach hinten, nicht aber nach unten und vorn beweglich ist, wird sich ihre Bewegung beim Öffnen und Schließen der Mandibeln in der Hauptsache als ein Hin- und Hergleiten gestalten; denn trotzdem ihre Basis beim Öffnen der Mandibeln auch etwas nach unten geführt wird, werden doch die in der Futtergrube befindlichen Nahrungsmengen verhindern, daß auch ihr distales Ende wesentlich seine Lage verändert. Es wird eben in derselben Ebene nur zurück und beim Schließen der Mandibel wieder vorgleiten. Ähnlich ist die Bewegung der Lacinia mobilis zu denken, nur ist es hier wahrscheinlicher, daß sie beim Öffnen der Mandibeln auch tatsächlich ventralwärts geführt wird, ihre Wirkung würde demnach mehr noch vergleichbar sein der der „Kratze", eines im Gärtnereibetriebe zur Bodenauflockerung verwendeten Instrumentes. Darauf deuten auch ihre hakenförmigen Zähne hin, die wesentlich größer als die der Pars molaris sind.

Die Aufgabe der bisher noch nicht besprochenen Mundwerkzeuge liegt zum größten Teil darin, zu verhindern, daß während des durch den distalen Maxillulaenditen und die inneren Kaurandkomponenten der Mandibel ausgeübten Zerkleinerungsprozesses Nahrungspartikel aus der Futtergrube entweichen und dadurch dem Tiere verlorengehen. Dem gespaltenen distalen Maxillenloben kommt daneben noch die Aufgabe zu, den zwischen den Maxillulae zerkleinerten Bissen währenddessen zu halten und zurechtzurücken. Für diese Aufgaben sind nun die einzelnen Glieder durch ihre oben geschilderte Beborstung und deren Einrichtung vortrefflich befähigt. Für das Festhalten und Zurechtrücken der zwischen den Enden der Maxillulae zerkleinerten Bissen erscheint der gespaltene Lobus der Maxille besonders geeignet durch seine fingerförmige Gestaltung, seine selbständige Beweglichkeit und die ziemlich starren Borsten, die glatt sind bis auf ein oder zwei Widerhaare an der Außenseite ihrer Krümmung. Der Lobus des ersten Gliedes der Maxillula, der des zweiten Maxillengliedes sowie der des zweiten Maxillipedengliedes dienen mit ihren Borsten dazu, den Zerkleinerungsprozeß durch die Pars molaris und Lacinia mobilis zu unterstützen und das Entweichen der Nahrungspatrikel von ihrem Wirkungsbereich und der Futtergrube zu verhindern. Hierfür muß sich die starke sekundäre Behaarung und Befiederung der Borsten aller dieser Mundgliedmaßenteile als sehr vorteilhaft erweisen, und auch ohne daß die Borsten selbst bewegt werden, wird auf Grund der sogenannten „Grannenwirkung" ein Rücktransport der Nahrungspartikel in die Gegend der Pars molaris und Lacinia mobilis erfolgen, sobald sie, selbst in Bewegung befindlich, mit diesen Borsten zusammentreffen. Die Aufgabe der Unterlippe liegt in der Bildung der Futtergrube und darin, die in dieser enthaltenen Nahrungspartikel gewissermaßen nach der Mitte zusammenzuschütteln. Selbst ist sie ja nicht aktiv beweglich, jedoch wird sie beim Öffnen und Schließen der Mandibeln, sowie bei den Bewegungen der Maxillulae, denen sie am Innenrande anliegt, mitbewegt. Die Maxillipeden endlich schließen den gesamten Kauapparat nach außen ab, möglicherweise unterstützen sie auch mit ihrem Innenrande die Maxille und Maxillula.

Ab und an wird sich die während des Kauprozesses normalerweise geschlossene Mundspalte öffnen, um die genügend zerkleinerte Nahrung aufzunehmen, die dann wohl von den muskulösen Ösophaguswänden noch feiner zerrieben wird, ehe sie in den eigentlichen Magen eintritt.

Wo sich Angaben über die Lebensweise der Cirolaniden finden, wird die große Gefräßigkeit und die ungemein räuberische Veranlagung der Tiere in den Vordergrund gestellt. Sicher gehen die offenbar mehr am Boden lebenden Angehörigen der Gattung *Cirolana* Leach sehr gern an

Aas, für dessen Auffindung sie mit augenscheinlich feinen Sinnen ausgerüstet sind: So sind nach VANHÖFFEN (16) die zahlreichen Exemplare der antarktischen *C. albinota* und *C. obtusata* sämtlich am Köder gefangen. Daneben fallen sie aber auch in Mengen lebende Fische an, durch deren Haut sie nach innen eindringen und die sie dann in Kürze völlig ausfressen, so daß nur Haut und Knochen überbleiben. Diese schon zum Parasitismus überleitende Ernährungsweise ist durch eine ganze Reihe von hauptsächlich durch HANSEN (5) zitierten Literaturangaben belegt, allerdings bleibt dabei die Frage offen, ob es sich bei auf diese Weise den *Cirolana*-Arten zum Opfer fallenden Fischen um bereits vorher irgendwie kranke Tiere handelt, oder ob die Kruster auch vollständig gesunde Exemplare angehen. Von einer anderen (*Cirolana concharum* STIMPS.) wird durch LEIDY und LOCKWOOD auch das Vorkommen an und in höheren Crustaceen berichtet, die in derselben Weise von ihnen ausgehöhlt und ausgefressen werden. Eine ähnliche räuberische Lebensweise ist von den im übrigen palagisch lebenden *Eurydice*-Arten bekannt; von *Eurydice pulchra* LEACH berichten BATE u. WESTWOOD (1) nach Aussagen eines Gewährsmannes, daß sie sogar Badende anfallen.

D. Untersuchungen an parasitischen Formen.
1. Umgestaltung und Übergänge von kauenden zu saugenden Mundgliedmaßen bei Corallaninen und Barybrotinen.

Es leuchtet ein, daß bei der geschilderten Art der Lebensweise und des Nahrungserwerbs der Übergang zur rein parasitischen Lebensweise in der Familie der Cymothoinae für einen großen Teil ihrer Angehörigen sehr naheliegend war, und in der Tat finden wir auch in jener Familie einen größeren Reichtum an Arten, die sich rein parasitär ernähren.

Bei diesen Arten findet sich die Tendenz ausgeprägt, sämtliche Mundgliedmaßen zuzuspitzen, sie möglichst eng zusammenzufassen, und die Angriffsmöglichkeit aller auf einen Punkt zu konzentrieren. Bei der Unterfamilie der Aeginae und mehr noch der der Cymothoinae treffen wir den in der Familie überhaupt erreichbaren weitest möglichen Fortschritt in dieser Entwicklung an: Das Mundfeld ist außerordentlich verkleinert, die Futtergrube der nichtparasitischen Formen ist aufgegeben, die einzelnen Mundgliedmaßen sind außerordentlich zugespitzt, liegen eng zusammen und bilden einen Saugkanal, und alle, soweit sie aktiv sich an Nahrungserwerb und -Aufnahme beteiligen, entfalten ihre Wirksamkeit an dem gleichen Punkte.

Wir finden aber vom Stadium der rein kauenden Mundwerkzeuge zu dem der ausschließlich auf parasitischen Nahrungserwerb eingerichteten morphologisch mannigfache Übergänge. Leider war es mir nicht möglich, von den zur Unterfamilie der Corallaninae gehörigen Gattungen

Corollana, *Alcirona* oder *Tachaea*, die derartige Übergänge am besten zeigen, irgendwelches Material zur Untersuchung beitreiben zu können, so daß ich mich im wesentlichen auf die detaillierten Abbildungen und Ausführungen Hansens (5) bei meinen Erwägungen stützen muß. Vorauszuschicken wäre noch, daß diese „Übergänge" keineswegs als solche in phylogenetischer Hinsicht anzusehen sind, denn dei den Angehörigen der drei angeführten Genera finden wir stets die Maxillen (die zweiten Maxillen) verkümmert, während wir sie bei den Aeginae und Cymothoinae noch in einem weit ursprünglicher ausgebildeten Zustand antreffen.

Hansen (5), der selbst in *Corallana* eine Zwischenform zwischen *Cirolana* und *Aega* sieht, bildet zwei Arten ab und beschreibt sie: *Cor. tricornis* Hansen 1890 und *Cor. antillensis* Hansen 1890. Eine Verkleinerung des Mundfeldes tritt bei ihnen noch nicht sehr in die Erscheinung. Die Mandibeln zeigen im Vergleich zu *Cirolana* eine recht charakteristische Umgestaltung. Ihnen sind Lacinia mobilis und Pars molaris vollständig verlorengegangen, die Pars incisiva ist wesentlich schmäler oder besteht überhaupt nur noch aus dem riesigen Eckzahn wie bei *Cor. antillensis*; bei *Cor. tricornis* stehen ihm noch einige kleinere Zähne zur Seite. Die Beweglichkeit des gesamten Corpus mandibulae scheint noch in dem Umfange wie bei *Cirolana* erhalten (während sie ja bei den Aeginae und Cymothoinae dessen hinterem Teil fast ganz verloren ist), demgemäß finden sich auch wie bei *Cirolana* vorn zwei, hinten am Corpus mandibulae ein Gelenkhöcker ausgebildet. An der Maxillula sind sämtliche auch bei *Cirolana* zu beobachtende Einzelglieder vorhanden. Jedoch sind sie im ganzen wesentlich schmäler; von der Dornenreihe am Enditen des dritten Gliedes (Abb. 5, 6) findet sich bei *Cor. tricornis* und *Cor. antillensis* nur mehr ein einziger, recht großer, der am weitesten distal stehende. Seine Angriffsmöglichkeit findet er sehr nahe derjenigen des großen Mandibularzahnes. Der ebenfalls vorhandene Endit des ersten Gliedes ist verkümmert, er trägt keinerlei Bewehrung. Sehr stark reduziert und klein sind die Maxillen, die augenscheinlich überhaupt keine Rolle oder nur eine ganz untergeordnete bei der Nahrungsaufnahme der Tiere spielen. Die an den Maxillen bei *Cirolana* zu beobachtenden Einzelglieder sind auch bei den beiden *Corollana*-Arten durch Hansen festgestellt, sie tragen nur einige wenige Härchen. Die Paragnathen setzen im Verhältnis zu *Cirolana* etwas weiter vorn an, ihre beiden Äste liegen noch ein Stück weit nach vorn zusammen, ehe sie seitwärts voneinander divergieren. Dadurch wird die Futtergrube stark nach vorn verengt und bekommt einen trichterförmigen, nach der Mundspalte zu sich verengende Form. Die Maxillipeden haben ihre starke Abflachung wie bei *Cirolana* aufgegeben, desgleichen ist die Behaarung an ihren Innen- und Außenrändern stark reduziert. Jedoch besitzen sie bei *Cor.*

antillensis auf ihrer Ventralseite eine Anzahl von Knoten, die Hansen als zumeist oben rund, auf dem zweiten Palpusgliede aber als kegelförmig zugespitzt beschreibt. Die Maxillipeden sind wie bei *Cirolana* vom ersten Palpusgliede an nach außen abgebogen (Abb. 13), sie umgeben den Rand der trichterförmigen „Futtergrube" hinten und seitlich bis nach vorn in die Gegend der Mandibeln.

Über die Lebensweise der Tiere ist allerdings sehr wenig bekannt, es gibt nur eine auf die Lebensweise bei *Corallana* bezügliche Mitteilung bei Bleeker (2), die der *Aega macronema* Bleeker 1857 [die Miers (9) später als *Corallana* deutete] eine parasitische Lebensweise auf Fischen nachsagt. Aber jedenfalls ist mit an Sicherheit grenzender Wahrscheinlichkeit anzunehmen, daß der Nahrungserwerb bei zumindest den beiden Hansenschen *Corallana*-Arten von 1890 nicht mehr in der Weise vor sich geht wie bei *Cirolana*, die Nahrungsbrocken von einer größeren Masse Fleisch losbeißen und sie dann beträchtlich fein in der Futtergrube zerkleinern können; gerade für diese Nahrungszerkleinerung fehlt doch der *Corallana* jede Möglichkeit. Sondern die Tiere leben parasitisch, wobei man sich vorstellen kann, daß sie sich zunächst mit dem zweiten, dritten und vierten Cormopodenpaare, die ja schon bei den Cirolaninen Klammerfüße sind, an ihr Wirtstiere, wohl Fische, anklammern. Dann bringen sie dem Opfer mit den mächtigen Mandibeln Wunden bei, die durch Zuhilfenahme der von Hansen als sehr beweglich geschilderten Maxillulae wohl noch erweitert werden. Dergestalt wird ein reichlicher Ausfluß von Körpersäften des Wirtstieres bewirkt, wobei auch Teile der Haut und der darunterliegenden Gewebe mitgehen mögen. Nun ist es für die *Corallana* wichtig, daß von ihrer aus der Wunde des Wirtes fließenden Nahrung nichts verlorengehe, und dafür ist sie ganz gut eingerichtet: Die durch Mandibeln und Maxillulen geschlagene Wunde kommt bei deren nach innen gerichteten Spitzen ungefähr vor die Öffnung der trichterförmigen Futtergrube zu liegen, und deren Rand, der von den Maxillipeden gebildet wird, kann durch starkes Anklammern der *Corallana* an ihren Wirt so an die die Wunde umgebenden Hautstellen angedrückt werden, daß die Wundsäfte unmittelbar in den zur Mundspalte führenden Trichter gelangen. Und hier scheint sich auch die Deutung der zum Teil kegligspitzen Höcker auf der Ventralseite der Maxillipeden von *Cor. antillensis* zu finden: sie erleichtern das feste Andrücken der Maxillipeden, die ja den äußeren Rand des Futtertrichters bilden, an die Haut des Wirtes und verhindern auch eine unerwünschte Verschiebung. Es ist denkbar, daß ein eigentliches Saugen hier bei *Corallana* noch gar nicht stattfindet, denn einmal werden die Wirtssäfte bei der sicherlich verhältnismäßig erheblichen Wunde ohnehin reichlich genug fließen, und dann will auch die Verbindung zwischen der Wunde des Wirtes und der Mundöffnung der *Corallana* immerhin nicht fest genug erscheinen, um ein Saugen zu gestatten. Vielleicht aber findet dennoch etwas Derartiges statt, denn das Vorhandensein von geeigneten, der Magenerweiterung dienenden Muskeln darf vorausgesetzt werden, nachdem sich auch schon bei der sicher niemals blutsaugenden *Cirolana* Muskeln fanden, die der Magenerweiterung dienen.

Ein Fortschreiten dieses Entwicklungsganges finden wir dann bei den Gattungen *Alcirona* HANSEH 1890, wo die Paragnathenäste näher beisammen liegen und zur Ausbildung eines Saugkanals übergegangen wird, und schließlich bei *Tachaea* SCHIÖDTE u. MEINERT 1879, wo die Paragnathen nur noch die eigentliche, nunmehr auch stark verkürzte und runde Öffnung des Schlundkanals freilassen.

Einen etwas anderen Weg der Entwicklung haben die Mundgliedmaßen bei den Barybrotinae genommen. *Barybrotes agilis* SCHIÖDTE u. MEINERT 1879 steht in der Gesamtausbildung des Nahrungserwerbsapparates den Aeginen nahe; jedoch ist das Maxillenpaar (die zweiten Maxillen) rudimentär, die Ausbildung der Paragnathen scheint nicht so spezialisiert zu sein wie bei *Tachaea*. Sie führt ein pelagisches Leben und HANSEN (5) nimmt an, daß sie nicht Fische anfällt.

Unter den Aeginen stellen die ursprünglicheren Formen dar, worauf HANSEN hinweist, die Angehörigen des Genus *Aega* L. 1758.

2. Morphologie der saugenden Mundgliedmaßen bei Aeginen und Cymothoinen.

Die Zuspitzung aller Mundwerkzeuge, das Zusammenziehen ihrer Angriffsmöglichkeiten auf denselben Punkt, sowie das Bestreben, aus ihnen ein „Saugrohr" zu bilden (daß es wirklich ein Saugrohr ist, soll weiter unten gezeigt werden) unter Fortfall der „Futtergrube", hat bei den Aeginen und Cymothoinen zur Folge, daß zumindest die distalen Enden der Mundgliedmaßen in viel stärkerem Verhältnis als bei *Cirolana* oder auch *Corallana* in eine andere Ebene als die der Ventralseite des Kopfes zu liegen kommen: sie bilden zusammen ungefähr einen stumpfen Kegel. Besonders Labrum und Clypeus liegen fast ganz in der Vertikalen, sind höchstens ein wenig nach hinten geneigt. Bei Angehörigen der Gattungen *Aega*, *Rocinela* und *Cymothoa*, *Anilocra* sind Clypeus und Labrum sehr eng miteinander verbunden (Abb. 28—31, *IV*); die breite und halbkreisförmig nach hinten um das Mundfeld herumgekrümmte Basis ist etwas vertieft in das Kopfinnere eingelassen, wo sie als stark chitinisierte Leiste wahrnehmbar ist (Abb. 60—62, *XXII*). Distalwärts verjüngt sich der Clypeus stark, das Labrum, daß ohne sehr deutliche Trennungsnaht an ihn ansetzt, ist ebenfalls in der Vertikalen halbrohrförmig gekrümmt. Es besteht aus fest chitinisiertem Kern und einer weichen, schwammigen Randzone, die besonders am distalen Ende lippenartig dick und mit vielen sehr feinen und ganz kurzen Haaren

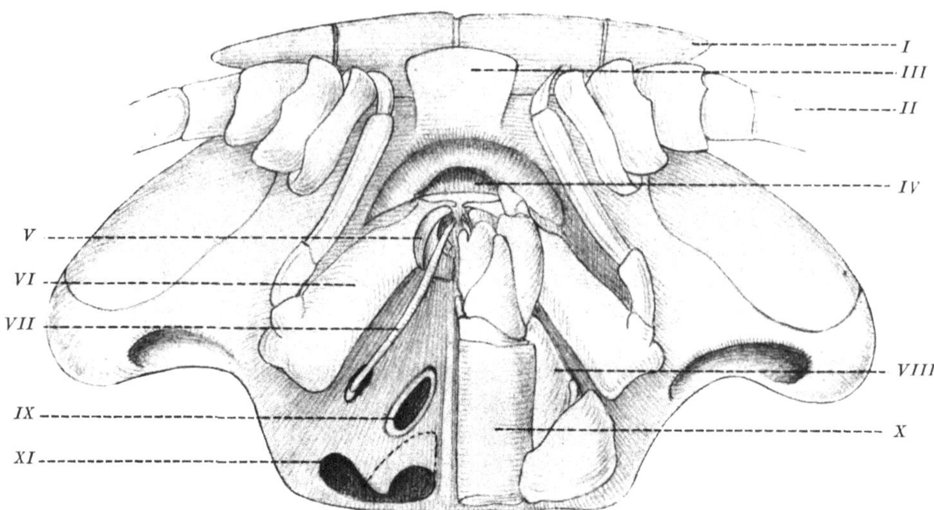

Abb. 28. Ventralansicht des Kopfes von *Aega psora* L., ♂. Rechtsseitige Maxille und Maxillipes sind entfernt. *I* 1. Antenne, *II* 2. Antenne, *III* Lamina frontalis, *IV* Labrum, mit Clypeus an seiner Basis, *V* Labium, *VI* Mandibel, *VII* Maxillula, *VIII* Maxille (der linken Seite), *IX* Ansatzstelle der Maxille der rechten Seite, *X* Maxillipes (der linken Seite), *XI* Ansatzstelle des Maxillipes der rechten Seite. Die Ansatzstelle der Maxillipeden umfassen die hier bei *XI* gestrichelt angegebenen Linien mit, sind also umfangreicher als die vom Kopfinnern in die Höhlung der Maxillipeden führenden, schwarz gezeichneten Öffnungen. Vergr. 16×.

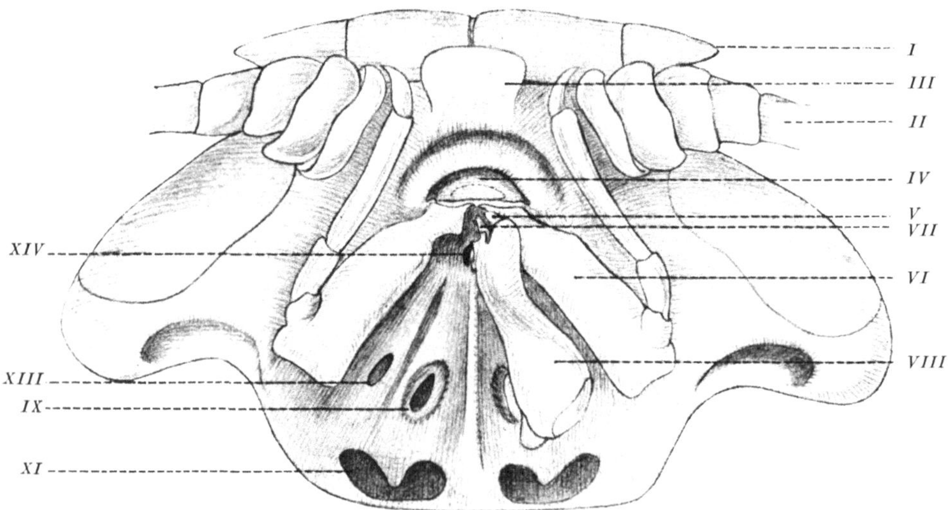

Abb. 29. Ventralseite des Kopfes von *Aega psora* L., ♂. Maxillipes, Maxille, Maxillula und Labiumast der rechten Seite sind entfernt. Erklärungen wie bei Abb. 28. *XIII* Austrittsöffnung der rechtsseitigen Maxillula aus der Kopfkapsel, *XIV* Mundöffnung. Vergr. 16×.

filzartig bedeckt ist. Im übrigen ist sie am äußeren Rande entweder flach abgerundet (*Aega*) oder eingebuchtet (*Cymothoa*) oder eingekerbt (*Rocinela*). Die zwischen den Insertionsstellen der zweiten Antennen gelegene Lamina frontalis behält auch bei den Aeginen und Cymothoinen die Lage in der Horizontalen bei (wie bei den Cirolaninen) nur hat sie hier keinen unmittelbaren Zusammenhang mehr mit dem Clypeus, sondern ist durch mehr oder weniger breite dazwischenliegende freie Stellen der Kopfkapsel von ihm getrennt. Bei *Rocinela*, *Cymothoa* und *Anilocra* ist die Lamina frontalis ziemlich schmal, nach hinten verjüngt (Abb. 30, 31, *III*), nur bei *Aega* selbst stellt sie eine breite, annähernd quadratische Platte dar (Abb. 28, 29, *III*).

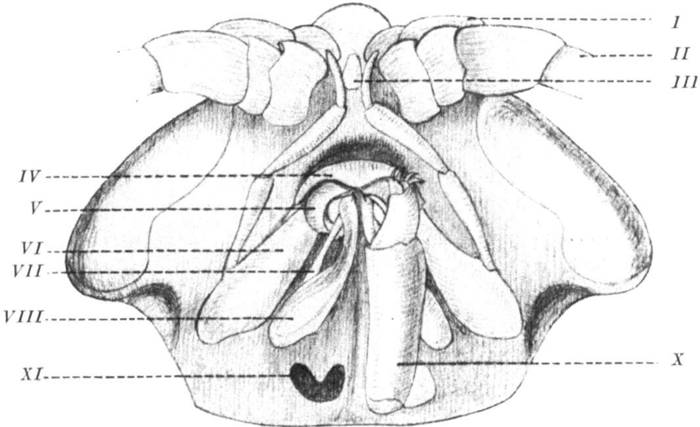

Abb. 30. Ventralansicht des Kopfes von *Rocinela danmoniensis* LEACH., ♂. Maxillipes der rechten Seite entfernt. Erklärungen wie bei Abb. 28. Vergr. 16×.

Die Mandibeln bei den Aeginen und Cymothoinen zeigen gemeinsam eine sehr deutliche Trennung in das Corpus mandibulae und in die Pars incisiva. Das Mandibelcorpus macht etwa $^2/_3$—$^3/_4$ der gesamten Mandibel aus und liegt als flache Aufwölbung jederseits des Mundfeldes an der Ventralseite des Kopfes, rechte und linke Mandibel divergieren nach hinten. Die Pars incisiva weicht in ihrer Richtung von der Allgemeinlängsrichtung des Kopfes und damit auch des Corpus mandibulae in einem Winkel von annähernd 90° ventralwärts ab und stellt mehr oder weniger ausgeprägt eine Pyramide dar, deren Spitze durch die Vertikalrichtung der Pars incisiva an die Spitze des von den Mundgliedmaßen zusammen gebildeten schon erwähnten Kegels zu liegen kommt. Von außen ist daher bei der Aufsicht auf die Ventralseite des Kopfes von diesem Teile der Mandibel höchstens die Spitze zu sehen. Das übrige wird nach hinten von den an deren darüber angeordneten Mundgliedmaßen nach vorn von der Oberlippe samt Clypeus verdeckt.

Bei der Gattung *Aega* ist das Corpus mandibulae am hinteren Rande am breitesten (Abb. 32), nach vorn laufen die beiden Seiten allmählich zusammen, so daß ungefähr ein Dreieck gebildet wird. Die innere Kante ist durch eine Chitinleiste verstärkt, an der hinteren Kante nahe der

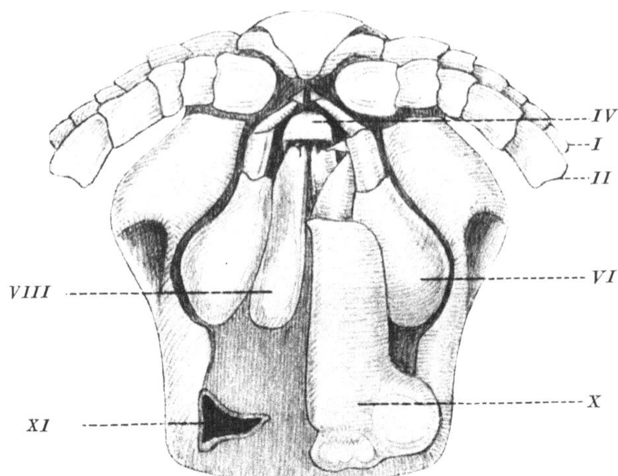

Abb. 31. Ventralansicht des Kopfes von *Anilocra mediterranea* LEACH., ♂. Maxillipes der rechten Seite ist entfernt. Erklärungen wie bei Abb. 28. Vergr. 16×.

äußeren Ecke befindet sich ein kleiner Zapfen (Abb. 32, *c.p.*), der dem hinteren Gelenkkondylus der Mandibel von *Cirolana* entspricht. Er ist aus sehr viel schwächerem Chitin als das Corpus mandibulae selbst und

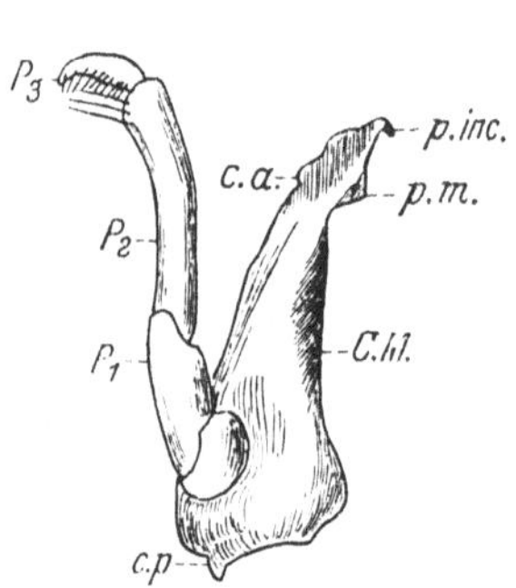

Abb. 32. *Aega psora* L. Mandibel der rechten Seite. *C.M.* Corpus mandibulae, *p.inc.* pars incisiva, *p.m.* pars molaris, *c.a.* vorderer Gelenkhöcker, *c.p.* hinterer Gelenkhöcker, P_1, P_2, P_3 Palpus. Vergr. 14×.

sehr fest mit dem ihn umgebenden Chitin der ventralen Kopfseite verwachsen. Ob er wirklich noch als Gelenkhöcker funktioniert, ist recht zweifelhaft, womit aber über die Beweglichkeit des Corpus mandibulae nichts gesagt sein soll. Der vordere vertikal gerichtete Teil der Mandibel setzt an die vordere Ecke des von dem Corpus mandibulae gebildeten Dreiecks an mit nicht allzuenger Verbindung. An ihr ist das Chitin nicht dünner als am Corpus mandibulae, auch kommt es nicht zur Ausbildung eines Gelenkes zwischen diesem und der Pars incisiva, worauf schon HANSEN (5) besonders hinweist. Es scheint mir aber doch, daß eine gewisse selbständige Beweglichkeit der Pars incisiva in der Richtung von vorn nach hinten angenommen werden kann. Der Schneideteil der Mandibel ist bequem als homolog zu dem der *Cirolana*-Mandibel aufzufassen, indem man sich vorstellen muß, daß im Zusammenhang mit der Änderung der Lagerichtung und der Funktion im wesentlichen nur der bei *Cirolana* ja besonders gut ausgebildete Eckzahn erhalten geblieben ist, der nun bei *Aega* die einzige Komponente des Kaurandes darstellt. Infolge der Vertikallage dieses Mandibelteiles ragt er aus dem von den Mundwerkzeugen gebildeten Kegel hinaus und kann somit eine Wirksamkeit auf das Angriffsobjekt des Tieres entfalten. Demzufolge sind auch die übrigen außer diesem Eckzahn bei *Cirolana* anzutreffenden Kaurandkomponenten bei *Aega* reduziert. Ein etwas entfernt von dem distalen Eckzahn an ihrer Pars incisiva anzutreffender Chitinlappen von geringem Umfange (Abb. 32, *p.m.*) ist nach HANSEN (5) vielleicht als Rest der Lacinia mobilis aufzufassen. Besser wohl deutet man ihn noch als Pars molaris, da er mir homolog erscheint dem, was HANSEN (5) bei der *Rocinela* als Rest der Pars molaris auffaßt, die außerdem noch eine reduzierte Lacinia mobilis hat. Der große Eckzahn, der einzige wirksame Bestandteil des Kaurandes bei *Aega*, ist an der rechtseitigen Mandibel etwas länger, gekrümmter und sehr viel spitzer als an der linkseitigen, wo er kürzer und vor allem ganz stumpf ist; bei beiden aber ist er sehr kräftig chitinisiert. An der Basis des Schneideteiles der Mandibel, an der Außenseite und mehr dorsalwärts befindet sich ein großer Gelenkhöcker (im Gegensatz zu den homologen zwei Höckern bei *Cirolana*) (Abb. 32, *c.a.*). Der Palpus ist sehr weit hinten am Corpus man-

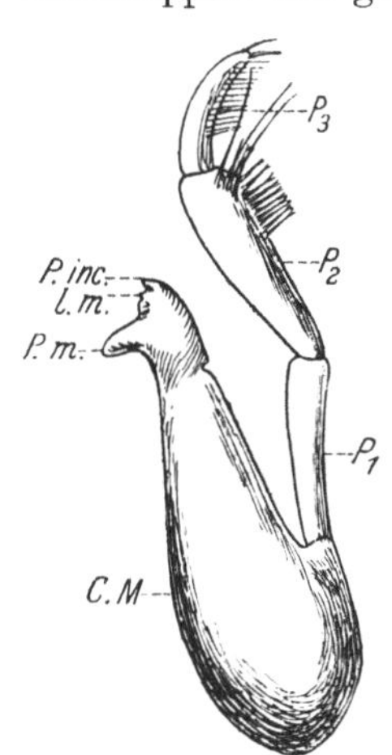

Abb. 33. *Rocinela danmoniensis* LEACH. Mandibel der rechten Seite. Erklärungen wie bei Abbild. 32. *l.m.* Lacinia mobilis. Vergr. 20 ×.

dibulae inseriert und von beträchtlicher Dicke. Am längsten ist das zweite Glied, das nach außen am distalen Ende einige lange Borsten trägt. Das dritte ist kurz nach außen gekrümmt und zur Spitze verjüngt; fast an der ganzen Außenseite trägt es kurze Borsten.

Die Mandibel bei *Rocinela* ist im ganzen recht ähnlich gebaut (Abb. 33), nur ist ihr Corpus nicht am hinteren Ende am breitesten, sondern dort, wo der Palpus ansetzt, dessen Insertionsstelle etwas weiter nach vorn liegt als bei *Aega*. Ein hinterer Gelenkhöcker ist nicht mehr festzustellen. Der vordere Teil, der Kaurandteil, ist in einem etwas geringeren Winkel als bei *Aega* in seiner Richtung verändert. Er ist ganz ähnlich wie dort gebaut. Nur weist die Pars incisiva noch Reste sämtlicher ihrer Komponenten auf. Dicht hinter dem großen Eckzahn befindet sich ein kleiner Kegel, auf ihm und an seinem Grunde stehen winzige kleine Zähnchen in einiger Zahl. Er ist wohl als Rest der Lacinia mobilis anzusprechen, ebenso wie ein noch weiter zurückliegender abgerundeter Chitinlappen als Rest der Pars molaris. Die großen Eckzähne sind auch bei *Rocinela* beiderseits verschieden ausgebildet: an der linken Mandibel ist er ziemlich gerade, abgerundet, jedoch mit scharfer Innenkante, und länger als an der rechten, wo er gekrümmt und zugespitzt ist. Der vordere Gelenkhöcker ist wie bei *Aega* gut ausgebildet. Am Palpus sind erstes und zweites Glied annähernd gleich lang. An der Außenkante des zweiten Gliedes stehen in seiner distalen Hälfte einige kurze, am Ende gespaltene Borsten. Das dritte, ein wenig nach außen gekrümmte Glied ist fast über die ganze Länge des Außenrandes mit kurzen Borsten besetzt.

Bei den Cymothoinen zeigt die Mandibel (Abb. 34) einen wesentlich von der Aeginenmandibel abweichenden Bau durch die Gestalt und die Insertion des Palpus, die aus seiner weiter unten zu erklärenden Funktion und wesentlichen Anteilnahme am Zustandekommen des Saugrohres resultiert. Bei *Anilocra* und *Cymothoa* ist das Corpus mandibulae ungefähr oval und sehr flach. Ein hinterer Gelenkhöcker ist nicht vorhanden. Nach vorn geht dieser Teil der Mandibel unmittelbar über in das nur wenig schmälere erste Glied des Palpus, das sehr breit, nur wenig schmäler als das Corpus mandibulae selbst ist und mit ihm in einer recht festen, kaum mehr eine geringe Beweglichkeit gestattenden Weise verbunden ist. Innen und ein wenig dorsal von der Insertionsstelle des Palpus setzt der Schneideteil der Mandibel an deren Corpus mit einer ziemlich dünnen Verbindung an; er ist nur wenig in die Vertikalrichtung abgebogen und nicht von derart ausgeprägter Pyramidenform wie bei den Aeginen.

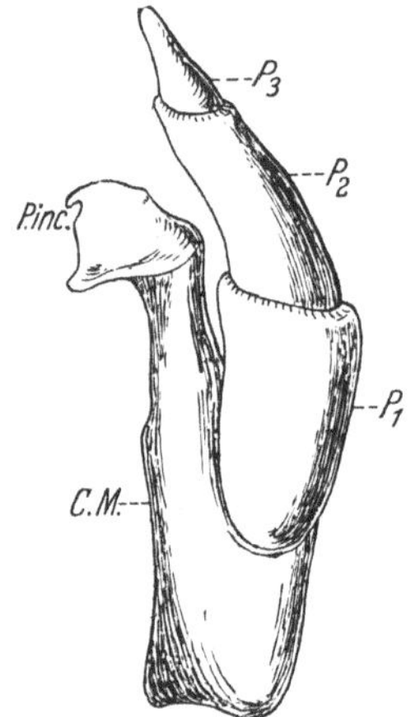

Abb. 34. *Cymothoa oestrum* L. Mandibel der rechten Seite. Erklärung wie bei Abb. 32. Vergr. 20 ×.

Als wirksamer Teil des Kaurandes erscheint wieder der große Eckzahn, an beiden Mandibeln gleichartig ausgebildet. Der übrige Teil der Pars incisiva ist nicht so stark reduziert wie bei den Aeginen, weist aber nicht wie bei diesen irgendwelche Teile auf, die sich als mutmaßliche Reste der Lacinia mobilis oder Pars molaris spezifizieren ließen. An das erste schon erwähnte besonders dicke Palpusglied setzt das zweite schmälere unter stumpfem Winkel nach innen gerichtet an, seine Beweglichkeit gegen das erste Glied ist überaus gering, oder vielleicht beim lebenden Tier gar nicht vorhanden. Durch diese Einwärtsrichtung des zweiten Palpusgliedes gelangen die dritten sehr kurzen und wieder in der Längsrichtung des Kopfes verlaufenden Glieder der beiderseitigen

Palpen unmittelbar nebeneinander zu liegen. Die dritten Glieder sind bei *Anilocra* weich und schwammig und von eigentümlich filziger Oberfläche. Sie liegen im Ruhezustande mit den flachen Innenseiten aneinander gepreßt in der Vertiefung, die nach hinten vom Clypeus samt Labrum, nach vorn von der Lamina frontalis, nach den Seiten zum Teil

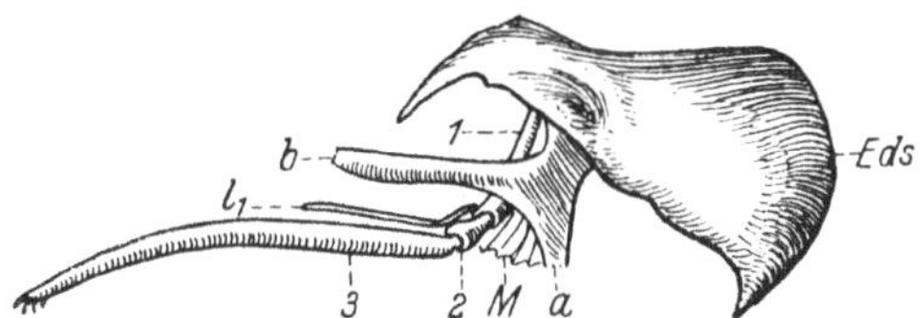

Abb. 35. Rechte Maxillula von *Aega psora* L. von der inneren Seite, samt Endoskelett. Erklärungen wie bei Abb. 36. Vergr. 14✕.

von den Basalgliedern der ersten und zweiten Antennen begrenzt wird. Es scheint, daß sie diese Lage beim lebenden Tier stets unverändert beibehalten.

Die ersten Maxillen oder Maxillulae der Aeginen und Cymothoinen (Abb. 35/36) lassen sich in ihrer Gestalt ebenfalls unschwer von denen der nichtparasitären Cymothoiden, etwa von denen der *Cirolana*, ableiten. Gemeinsam ist ihnen bei den parasitischen Formen die schmale sehr gestreckte Gestalt. Ihre Bewehrung ist auf einige gekrümmte Zähne an der Spitze des dritten Gliedes reduziert. Die allein nämlich ist beim

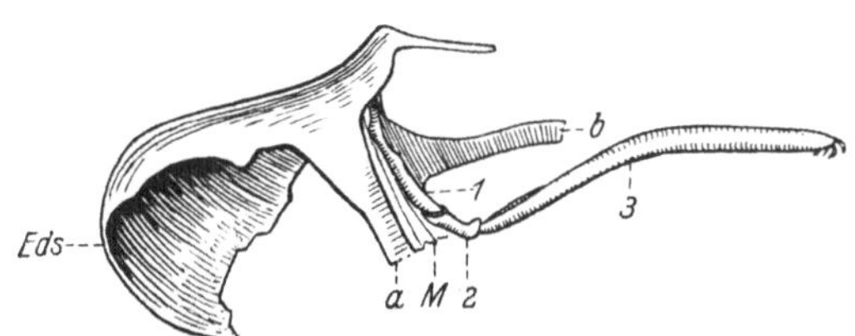

Abb. 36. Rechte Maxillula von *Aega psora* L. von der äußeren Seite, samt Kopfendoskelett. Die Zeichnungen geben die gesamte Apparatur um ihre Längsseite ein wenig schräg nach außen gewandt wieder (im Vergleich zu ihrer natürlichen Lage im Kopf des Tieres), um die Konstruktion besser veranschaulichen zu können; die Horizontale des Kopfes verläuft durch die Punkte *a* und *b*. *1* Praecoxa der Maxillula, *2* Coxa der Maxillula, *3* Basis der Maxillula mit dem sehr gestreckten Enditen, *l₁* Endit der Praecoxa (an Abb. 36 verdeckt), *M* gefaltetes Chitinhäutchen zwischen den proximalen Elementen der Maxillula und dem Endoskelett, *Eds* Endoskelett, *a, b.* Ansatzstellen des Endoskeletts an die Ventralseite der Kopfkapsel. Vergr. 14✕.

unversehrten Tier äußerlich sichtbar, da sie etwas aus dem das Saugrohr enthaltenden, von den Mundgliedmaßen gebildeten Kegel an dessen Spitze heraussieht. Mit dieser Reduktion der Bewehrung der Maxillula steht im Zusammenhang die Rückbildung des Enditen am ersten Gliede, der bei *Cirolana* ja wohl ausgebildet und bewehrt ist, unter den Aeginen aber nur noch bei *Aega*, unter den Cymothoinen überhaupt nicht mehr nachweisbar ist.

Das erste Glied, die Praecoxa ist stets sehr gestreckt, schmal und stets völlig in das Kopfinnere eingesenkt. Dabei verläuft sie von der

Austrittsstelle der Maxillula aus der Ventralseite des Kopfes, die ziemlich weit seitwärts von dessen Mittellinie liegt, etwas nach hinten gerichtet und sehr schräg einwärts auf die Mittellinie des Kopfes zu. Das zweite Glied, die Coxa, ist sehr klein und kurz und befindet sich ungefähr an der Stelle, wo die Maxillula aus dem Kopfe heraustritt. Bei *Rocinela* und den Cymothoinen ist sie nur undeutlich oder gar nicht wahrnehmbar und dann augenscheinlich mit der Praecoxa verwachsen. Das dritte Glied endlich ist gleichmäßig schmal, höchstens an der Basis etwas stärker, und außerordentlich gestreckt, es verläuft in der proximalen Hälfte ungefähr parallel zur Längsrichtung des Kopfes, in der distalen ist es ventralwärts deutlich gebogen. Unmittelbar am distalen Ende stehen eine Anzahl kräftiger spitz auslaufender und mehr oder weniger gekrümmter Zähne, von denen die äußeren die größten sind. Von entschiedener Bedeutung für die weiter unten zu erläuternde Funktion der Maxillen ist es, daß Praecoxa und Basis unter einem sehr deutlichen Winkel zueinander angeordnet sind. Diese Anordnung ließ sich in geringem Grade auch schon an der Maxillula von *Cirolana* beobachten. Der Endit der Praecoxa endlich ist nur bei *Aega* anzutreffen, er stellt hier eine schmale, vom distalen Ende der Praecoxa ausgehende und bis kurz vor die Mitte des dritten Gliedes zu diesem parallel verlaufende Chitinspange dar. Wie auch bei *Cirolana*, ist bei den Aeginen und Cymothoinen die Basis der Maxillula im proximalen Drittel ihrer Länge auf der Innenseite mit einer Öffnung versehen, durch die Muskeln in das Innere des Gliedes treten, um dort ihre Ansatzstellen zu finden.

Im engsten Zusammenhang mit der Maxillula steht das Kopfendoskelett (Abb. 51, *XI*, Abb. 60—62, *V*; Abb. 35/36, *Eds.*), das daher gleich an dieser Stelle mit behandelt werden soll. Es nimmt seinen Anfang mit einem ziemlich breiten Chitinbalken unmittelbar hinter der Austrittsstelle der Maxillula aus der Ventralseite des Kopfes. Dieser Chitinbalken zieht sich dorsalwärts in das Innere des Kopfes in der Richtung etwas nach hinten und schräg nach der Mittellinie des Kopfes zu, somit also parallel zur Praecoxa der Maxillula, mit der er durch eine weite, faltige Haut von dünnem Chitin verbunden ist. Nahe der Dorsaldecke der Kopfkapsel geht er über in eine großflächige Chitinbildung, die sich anfangs in einem Bogen nach der Kopfmittellinie, also nach innen wendet, aber noch ein gutes Stück von ihr wieder ventralwärts abbiegend sich bis unmittelbar an die ventrale Chitinbedeckung der Kopfkapsel herunterzieht. Dabei erweitert sie sich nach hinten tropfenförmig (*Aega*), oder in Form eines Ovals (*Rocinela*) oder ungefähr eines Kreises (*Cymothoa*); jedoch sind ihre Ränder, besonders oben und unten, ziemlich ungleichmäßig gestaltet. Bei *Aega* und *Rocinela* hat dieser nach hinten gerichtete und nirgendwo festgewachsene Teil des Endoskelettes die Form einer vertikalen Schale, deren Wölbung nach innen, deren Ausbuchtung aber nach außen gelegen ist. Bei *Cymothoa* und *Anilocra* ist er mehr eben und nur unmerklich nach innen gewölbt. Weiter vorn und etwas einwärts von der Ansatzstelle des Balkens aus, durch den dieser großflächige Teil des Innenskelettes mit der Ventralseite der Kopfkapsel verwachsen ist, befindet sich die Insertionsstelle der Praecoxa der Maxillula, die hier an das Innenskelett fest angewachsen ist. Es bleibt aber doch eine ziemliche Beweglichkeit der Maxillula gewahrt, da es sich ja nur um die Verwachsung des spitzen Basalendes ihrer Praecoxa mit dem sehr dünnen Chitin des Innenskelettes handelt. Von da aus zieht sich, stark verjüngt, das Innenskelett noch ein kleines Stück nach vorn, um schließlich in einen ventralwärts gerichteten frei im Inneren des Kopfes endigenden Zinken auszulaufen. Die hinteren, erweiterten und

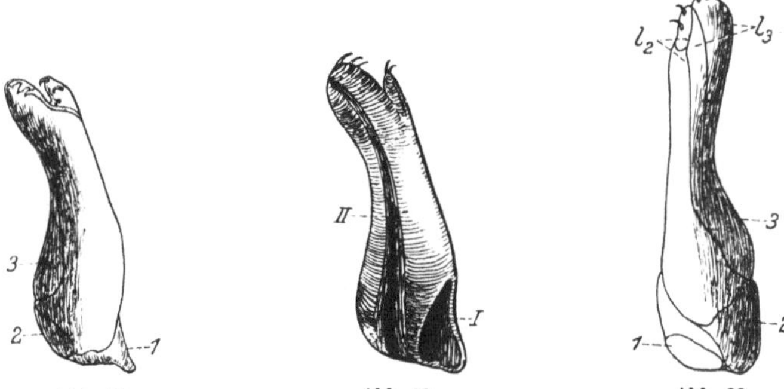

Abb. 37.   Abb. 38.   Abb. 39.

Abb. 37. Rechte Maxille von *Aega psora* L., ♂., Ventralseite. *1* Praecoxa, *2* Coxa, *3* Basis. Vergr. 14 ×. — Abb. 38. Linke Maxille von *Aega psora* L., ♂., Dorsalseite. *I* Eintrittsöffnung für die Muskulatur, *II* Rinne zur Führung des 3. Gliedes der Maxillula. Vergr. 14 ×. — Abb. 39. Linke Maxille von *Rocinela danmoniensis* LEACH. ♂. *1* Praecoxa, *2* Coxa, *3* Basis, l_2 Endit der Coxa, l_3 Endit der Basis. Vergr. 20 ×.

schalenförmigen Teile der beiderseitigen Innenskelettbildungen lassen mitten zwischen sich noch einen ziemlich breiten Raum frei, der unter anderem dem Magen und Mitteldarm den Durchtritt gestattet, mit der äußeren Einbuchtung umfassen sie die Maxillendrüse.

Das Endoskelett weist bei den Aeginen und Cymothoinen deutlich Ähnlichkeiten mit dem von *Cirolana* auf und läßt sich wohl aus ihm erklären. Ein Unterschied besteht nur darin, daß von dem Balken, der bei *Cirolana* von der hinteren Verbreiterung des Innenskelettes ausgehend den ganzen Kopf nach vorn durchzieht und nahe den Antennen an die dorsale Kopfkapsel ansetzt, bei den Aeginen und Cymothoinen nur mehr ein nicht sehr langer, frei endigender Zinken übriggeblieben ist.

Die Maxillen (oder 2. Maxillen) (Abb. 37—44) stellen sich bei den Aeginen und Cymothoinen dar als blattartige, dorso-ventral abgeplattete und von der Basis zum distalen Ende nur wenig verjüngte, mitunter sogar verbreiterte Gliedmaßen. Sie setzen innen von der Austrittsstelle der Maxillulae und nur ganz wenig hinter ihr, ohne besondere gelenkige Verbindung, an die Kopfkapsel an, verlaufen zunächst in der Längsrichtung des Kopfes, dann unter geringem Winkel ventralwärts abgebogen. Das distale Ende ist außerdem etwas, besonders bei *Aega*, in die Vertikale gedreht, indem der äußere Rand stark dorsalwärts um die Maxillulae und das Labium heraufgezogen ist. Die Basis des gesamten Gliedes ist nur am inneren, der Kopfmittellinie zugekehrten Rande festgewachsen; die weiter seitlich liegende Partie der Maxillenbasis überdeckt die Austrittsstelle der Maxillula. Wie bei den Cirolaninen sind auch, wenigstens bei *Aega*, *Rocinela* und *Anilocra*, drei Protopoditenglieder deutlich wahrzunehmen. Praecoxa und Coxa liegen bei *Aega* und *Rocinela* mehr nebeneinander, die Praecoxa nach innen, die Coxa nach außen, bei *Anilocra* folgen sie hintereinander. Das dritte Glied, die Basis, ist sehr gestreckt und schmal und befindet sich am äußeren Rande der Maxille. Auf ihrer dorsalen Seite ist etwas mehr von der Basis wahrzunehmen als auf der ventralen. Den größten Teil jedoch der Gliedmaßen machen die Enditen aus, deren die Coxa zwei, die Basis einen aufweist. Ihre Grenzen sind einigermaßen deutlich wahrnehmbar auf der Dorsalseite der Maxillen von *Anilocra*, auf der Ventralseite derjenigen von *Rocinela*. Bei *Rocinela* und wohl auch bei *Aega*, wo wir homologe Verhältnisse annehmen wollen, wenn es auch nicht gelang, bei ihr die Enditen sicher zu begrenzen, ist der Endit am zweiten Gliede der umfangreichste. Von ihm ist (bei manchen *Aega*-Arten) ein kleines am weitesten distal stehendes Stück abgesetzt, ohne aber selbständig beweglich zu sein. Dieses Stück trägt einige größere, ventralwärts und nach hinten hakig gekrümmte Dornen als Bewehrung, bei *Aega* ist es in vertikaler Richtung flächig entwickelt, und in der Ruhelage liegt es eng gegen das entsprechende Stück der gegenseitigen Maxille angedrückt. Von den beiden Enditen des dritten Gliedes ist bei *Rocinela* der innere, an den des zweiten Gliedes angrenzende am Ende schmal und unbewehrt, der äußere am Ende breit und am distalen Rande mit einigen kleinen, ebenfalls ventralwärts gekrümmten Zähnen bestanden. Oostegiten tragende Weibchen lagen mir von *Aega* und *Rocinela* nicht vor, nach Hansen (5) ist die Maxille solcher ♀♀ bei *Rocinela* etwas verbreitert und außen in ihrer distalen Hälfte mit langen, gefiederten Borsten besetzt.

Bei *Anilocra* ist der Endit am zweiten Gliede sehr schmal, er zieht sich an der ganzen Innenseite der Maxille entlang und trägt am distalen Ende einen hakig ventralwärts gekrümmten Dorn. Bei *Cymothoa* ist ähnlich wie bei *Aega* und *Rocinela* das am weitesten distale kleine Stück dieses Enditen deutlich, aber unbeweglich abgesetzt. Der innere Endit am dritten Gliede ist ebenfalls am distalen Rande nahe der Grenze gegen den Enditen der Coxa (Abb. 40/41) mit zwei oder drei ventralwärts ge-

krümmten kräftigen Dornen bestanden, der äußere Endit ist deutlich
kürzer und distal unbewehrt. Der distale Rand der gesamten Maxille,
besonders an den unbewehrten Stellen, ist schwammig aufgetrieben und
sehr weich, in ähnlicher Weise, wie das weiter oben schon vom distalen
Rand des Labrum bei den Aeginen und Cymothoinen erwähnt wurde.
Noch ausgeprägter läßt sich diese Erscheinung bei *Cymothoa* beobachten,
wo die Bewehrung der Maxille weitgehend reduziert und obliteriert ist.
Unabhängig von dieser Gliederung ist bei den untersuchten Formen das
distale Fünftel der Maxillen im Chitin wesentlich dünner als ihr übriger
Teil. Bei *Aega* und *Rocinela* besteht eine Abgrenzung dieser beiden

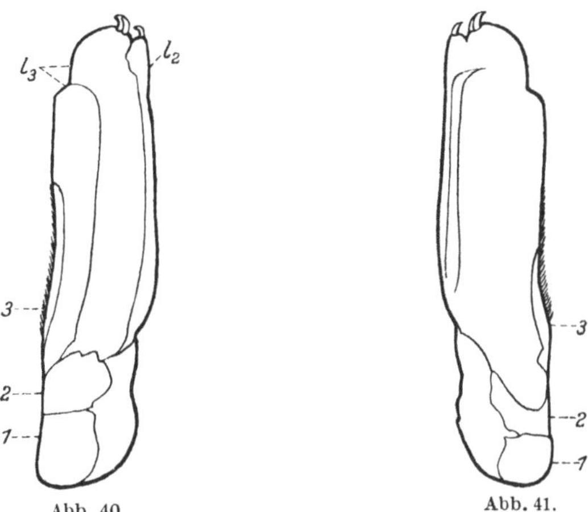

Abb. 40.   Abb. 41.

Abb. 40. Linke Maxille von *Anilocra mediterranea* LEACH, ♂, Dorsalseite. Vergr. 30×. — Abb. 41.
Dasselbe, Ventralseite. Erklärungen wie bei Abb. 39. Auf der Ventralseite befindet sich eine flache
Leiste nahe dem Innenrande, die eine festere Auflage der Maxillipeden gewährleistet. Vergr. 30×.

Partien gegeneinander in Gestalt einer nur schwer sichtbaren Chitinfalte,
die eine geringe Beweglichkeit des distalen Maxillenteiles ermöglicht.

Bei *Anilocra* (und auch bei *Cymothoa* and anderen Cymothoinen) läßt
sich eine ziemlich beträchtliche Verschiedenheit in der Gestalt der
Maxillen bei ♂♂ (Abb. 40/41) und bei den mit Oostegiten ausgerüsteten
♀♀ (Abb. 42/43) konstatieren. Die Maxillen der ♂♂ sind über ihre ganze
Länge annähernd gleich breit, am äußeren Rande in der Gegend des
dritten Gliedes weisen sie eine kurze dichte Behaarung auf. Bei den ♀♀
mit Oostegiten aber sind die Maxillen distalwärts nach außen sehr stark
verbreitert, woran hauptsächlich die Enditen am dritten Gliede Teil
haben; an der breitesten Stelle kommt es am äußeren Maxillenrande zur
Ausbildung von einigen nach vorn und nach ventralwärts gekrümmten
Haken. Sonst findet sich am äußeren Maxillenrande hier keine Behaarung, wohl aber sehr dicht und kurz fast am ganzen inneren Rande.
Die Maxillen der ♀♀ ohne Oostegiten unterscheiden sich von denen der

♂♂ nicht, von dieser Maxillenform bis zu der extrem verbreiterten der ♀♀ mit voll entwickelten Oostegiten finden sich Übergänge (Abb. 44).

Auf der Dorsalseite weist die Oberfläche der Maxillen bei den Aeginen und Cymothoinen eine ziemlich breite, rinnenförmige Vertiefung nahe dem äußeren Rande auf, die in der Längsrichtung von ihrer Basis bis zum distalen Ende verläuft; außer bei *Rocinela*, wo sie nur auf der basalen, nicht aber auf der verschmälerten distalen Hälfte anzutreffen ist. Sie dient zur Aufnahme der Maxillulae bei der von den Mundwerkzeugen zusammen bewirkenden Bildung des Saugrohres. Ventral sind die Maxillen in seitlicher Richtung, von links nach rechts flach gewölbt. Bei *Anilocra* und *Cymothoa* sind sie mit einer nicht ganz bis zum

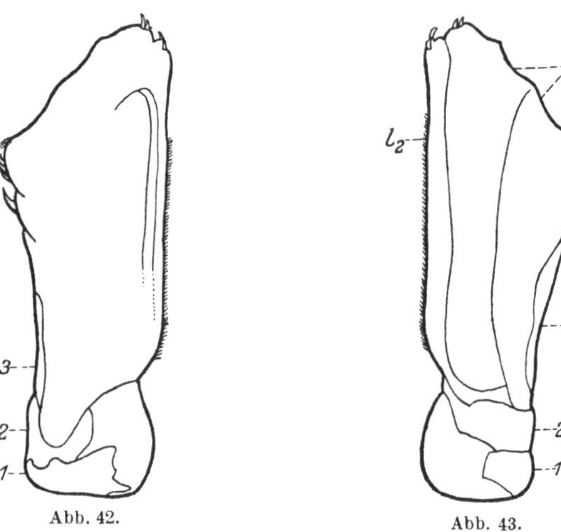

Abb. 42.   Abb. 43.

Abb. 42. Rechte Maxille von *Anilocra mediterranea* LEACH, ♀ mit ausgebildeten Oostegiten, Ventralseite. Erklärungen wie bei Abb. 39. Vergr. 30×. — Abb. 43. Dasselbe, Dorsalseite. Erklärungen wie bei Abb. 39. Vergr. 30×.

distalen Ende reichenden leistenartigen Verdickung längs des Innenrandes versehen.

Die zweiteilige Unterlippe inseriert an der Ventralseite des Kopfes ganz vorn nur wenig hinter dem Clypeus samt Oberlippe, beiderseits von der längsgerichteten Mundspalte, dem Eingang zum Ösophagus. In ihrer basalen Hälfte bildet sie jederseits der Mundspalte einen ziemlich breiten Wulst, der fest mit der Kopfkapsel verwachsen ist. Diese beiden dicken Wülste liegen über und vor der Mundspalte eng zusammen (Abb. 28—30, *V*). Jedoch berühren sie sich nur mit dem äußersten Rand wirklich, während im übrigen zwischen ihnen eine Hohlrinne durch halbkreisförmige Auskehlung jeder der beiden Flächen entsteht, mit denen die beiden basalen dicken Wülste der Unterlippe aneinanderliegen. Diese Hohlrinne bildet den proximalen, in die Mundspalte mündenden Teil des

Saugrohres. Distal laufen die Teile der Unterlippe jederseits in einem freien zipflig zugespitzten Lappen aus, der im Gegensatz zu dem in horizontaler Richtung der Ventralseite der Kopfkapsel anliegenden Basalwulst in vertikaler Richtung verläuft. Dabei liegen die distalen Zipfel der Unterlippenäste nach vorn dem Schneiderand der Mandibeln an und sind nach innen gekrümmt. In dem durch die Richtungsänderung zwischen distalem und proximalem Teil der Unterlippe entstehenden Winkel liegen in der Normallage der Mundwerkzeuge beim unversehrten Tier die distalen Enden der Maxillulae. Irgendwelche Versteifungen aus festem Chitin sind in das Labium nicht eingelagert.

In der Anlage der Unterlippe drückt sich jener wichtige Unterschied zwischen den Cirolaninen auf der einen und den Aeginen und Cymothoinen auf der anderen Seite aus, der darin besteht, daß die „Futtergrube" der Cirolaninen bei den übrigen Unterfamilien aufgegeben wird. Sie dient bei *Cirolana* zur Aufnahme der größeren vom Schneiderand der Mandibel abgeschnittenen Futterbrocken und zu ihrer weiteren schließlich recht feinen Zerkleinerung. *Aega, Rocinela, Anilocra* usw. aber können ihrer entbehren wegen der parasitischen Lebensweise dieser Gattungen, die eine Aufnahme mechanisch zu zerkleinernder Nahrung nicht kennt. So kommt es, daß bei *Cirolana* das Labium zwei mächtige

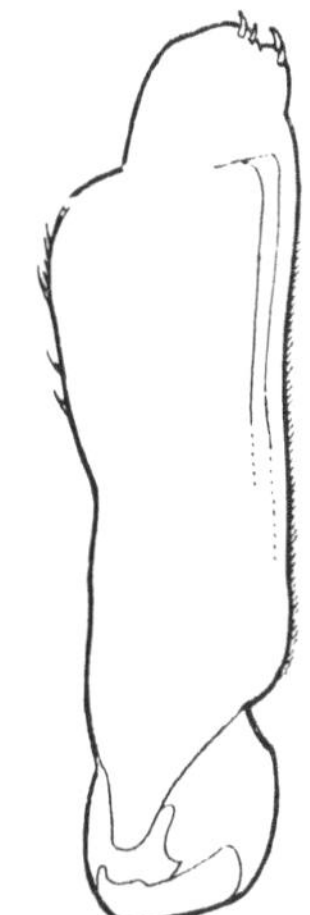

Abb. 44. Rechte Maxille von *Anilocra mediterranea* LEACH, ♀ mit in Ausbildung begriffenen Oostegiten. Ventralseite. Vergröß. 30✕.

Äste entwickelt, die weit hinten zwischen den Ansatzstellen der Maxillen entspringen und die die Futtergrube seitlich und nach hinten umfassen. Bei den Aeginen und Cymothoinen hingegen setzt das Labium unmittelbar neben der Mundspalte an und bleibt in seinen Ausmaßen verhältnismäßig klein. Durch diese veränderte Inserierung der Unterlippe wird dann auch die Bildung eines Saugrohres besonders gut ermöglicht, an der sie selbst einen hervorragenden Anteil nimmt.

Zu den drei Paaren eigentlicher Mundgliedmaßen tritt das erste Cormopodenpaar als sogenannte Maxillipeden in so enge Beziehungen, unter beträchtlichem morphologischen Abweichen von den übrigen Cormopoden, daß es unbedingt im Zusammenhang mit den Mundwerkzeugen behandelt werden muß. Bei den ♀♀ mit Oostegiten haben die Maxillipeden sekundär wieder ihre Funktion als Hilfsgliedmaßen für den Nahrungserwerb aufgegeben. Die eigentlichen Maxillipedenstammglieder sind bei solchen Tieren verkürzt, dafür aber sind ein rudimentärer Oostegit und sehr umfangreiche dünnhäutige Anhänge nach der Seite und nach vorn entwickelt, die zum Teil das gesamte Mundfeld überdecken und eine Nahrungsaufnahme wahrscheinlich unmöglich machen. Jedoch sollen uns hier die Maxillipeden derartiger mit Oostegiten ausgerüsteter ♀♀, von denen HANSEN (5) einige abbildet und erklärt, nicht weiter beschäftigen, da dies über den Rahmen unserer Untersuchungen hinausführt. Bei den ♂♂ und den ♀♀ ohne Oostegiten dienen die Maxillipeden zur Befestigung des von den Mundgliedmaßen zusammen gebildeten Saugrohres nach hinten (so wie Clypeus samt Oberlippe zu dessen Verfestigung nach vorn), und die verschiedene Art und Weise, wie die Maxillipeden bei den Aeginen und Cymothoinen dieser Aufgabe gerecht werden, drückt sich in ihrer verschiedenen Gestaltung bei diesen beiden Unterfamilien aus.

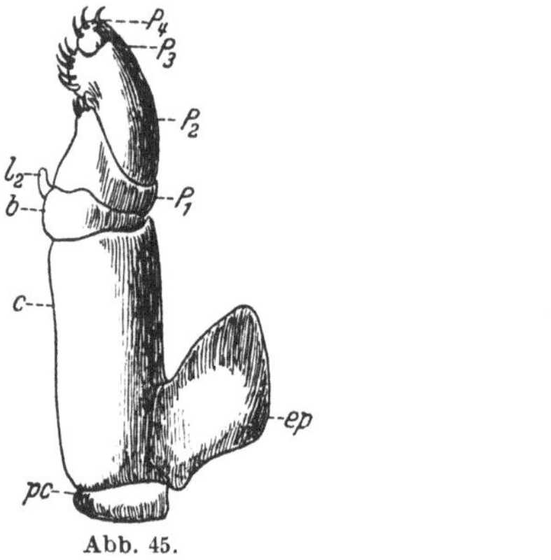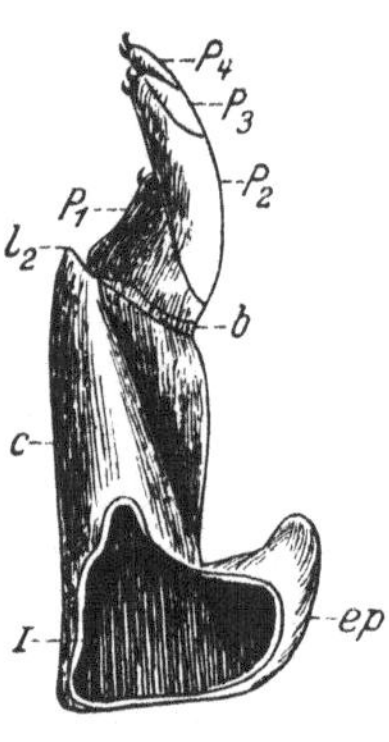

Abb. 45.   Abb. 46.

Abb. 45. Linker Maxilliped von *Aega psora* L., ♂, Ventralseite. *p.c.* Praecoxa, *c* Coxa, *b* Basis. *ep.* Epipodit, *l₂* Endit der Coxa, *P₁—P₄* Palpusglieder. Vergr. 14×. — Abb. 46. Rechter Maxilliped von *Aega psora* L., ♂, Dorsalseite. Erklärungen wie bei Abb. 45. *I* Eingangsöffnung ins Innere der Maxillipeden. Ihre Ränder sind die Verwachsungsnähte des Maxillipeden mit dem ventralen Kopfskelett; doch sind die aus dem Innern der Kopfkapsel in den Maxillipeden führenden Öffnungen viel weniger umfangreich (s. auch Abb. 28, 30, 48). Vergr. 14×.

Bei *Aega* (Abb. 45/46) sind noch die sieben Glieder, die sich schon am Maxillipeden von *Cirolana* fanden, zu unterscheiden. Doch sind die letzten Palpusglieder zu einem festen Stück miteinander verwachsen, wobei das dritte Glied nur noch als kleiner Bestandteil an der Außenseite des vierten nachzuweisen ist und sich an der Bildung des bewehrten Innenrandes des Palpus nicht mehr beteiligt. Am dreigliedrigen Sympoditen sind Praecoxa und Basis sehr klein, außerordentlich groß ist jedoch die Coxa, die die Hälfte der gesamten Länge des Maxillipeden überhaupt ausmacht. Sie besitzt einen kleinen spitzen Enditen ohne Retinacula. Ein ziemlich großer, unregelmäßig gestalteter Epipodit ist vorhanden. Auf der Ventralseite ist der Sympodit gleichmäßig schwach gewölbt, auf der Dorsalseite jedoch ist er durch eine nahe dem Innenrande zu diesem parallel laufende Chitinleiste stark verdickt, die nach der Maxillipeden-

basis hin stark verbreitert ist. Seitwärts nach außen von dieser leistenartigen Verdickung ist der Protopodit des Maxillipeden verdünnt und
deutlich ausgekehlt: es liegt unter dieser Auskehlung in der Normallage
der Mundwerkzeuge die basale Hälfte der Maxille, deren Ansatzstelle sich
ja etwas vor und seitlich von der des Maxillipeden befindet. Aber dann
verläuft die Maxille von dort aus schräg nach vorn zur Mittellinie des
Kopfes, während der Maxillipedensympodit streng parallel zu dieser
Mittellinie gerichtet ist. Daher muß also die an seiner Dorsalseite zur
Aufnahme der Maxille bestimmte Auskehlung nach vorn sich allmählich
verbreitern. Der an die Basis ansetzende Palpus des Maxillipeden behält
die annähernd horizontale Längsrichtung bei, doch sind seine stark abgeplatteten Einzelglieder in der Querrichtung aus der Horizontallage in
in eine proximal weniger, distal mehr ausgeprägte Vertikallage herum-

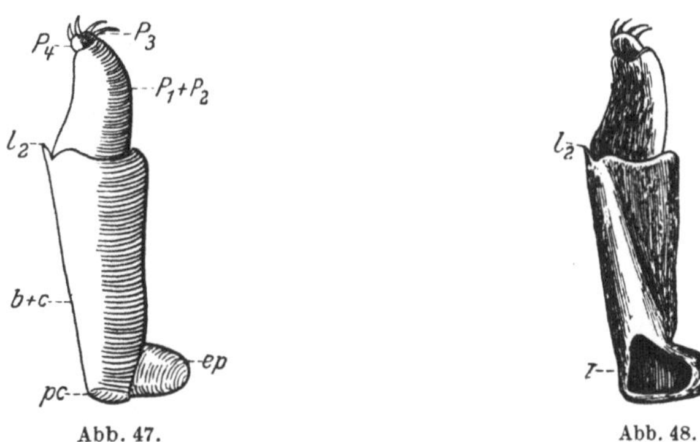

Abb. 47.   Abb. 48.

Abb. 47. Linker Maxilliped von *Rocinela danmoniensis* LEACH, ♂, Ventralseite. Erklärungen wie
bei Abb. 45. Vergr. 20×. — Abb. 48. Rechter Maxilliped von *Rocinela danmoniensis* LEACH,
♂, Dorsalseite. Erklärungen wie bei Abb. 46. Vergr. 20×.

gedreht, wobei der Palpus überdies noch zu einem nach innen offenen
Halbkreis gekrümmt ist. In dieser Ausbildung ist der Palpus des Maxillipeden befähigt, sich jederseits um den von den übrigen Mundwerkzeugen
gebildeten Kegel herumzulegen. Insbesondere die Spitze des Kegels
wird umgeben von den Innenrändern der drei letzten Palpusglieder, die
bei der um die Längsachse erfolgten Vertikaldrehung des Maxillipedenpalpus am weitesten ventralwärts gewendet sind. Wie das erste Palpusglied, sind auch die drei anderen am Ende ihrer Innenkante mit kräftigen,
stark nach außen gebogenen hakenförmigen Zähnen besetzt.

   Bei *Rocinela*, deren Maxillipeden (Abb. 47, 48) im wesentlichen nach
dem Typus derer von *Aega* gebaut sind, fällt zunächst eine bedeutende
Reduktion ihrer Einzelglieder auf. Äußerlich wahrnehmbar sind nur
vier Glieder, von denen zwei unzweifelhaft dem Sympoditen zugehören.
Die Praecoxa ist außerordentlich klein; auf sie folgt die Coxa. Nach
HANSEN (5) ist sie mit der Basis verwachsen, mit dieser zusammen be-

trägt ihre Länge weit über die Hälfte des gesamten Gliedes. An ihrer
Innenkante besitzt sie einen sehr kleinen Enditen ohne Retinacula. Ein
kleiner, etwa dreieckig gestalteter Epipodit ist vorhanden. Der Palpus
setzt an den Sympoditen an, ohne wie bei *Aega* um die Längsachse in die
Vertikale herumgedreht zu sein. Sein erstes und zweite Glied sind ohne
deutliche Grenze miteinander verwachsen. Daran setzen sich die ebenfalls fest miteinander verwachsenen dritten und vierten Glieder des
Palpus an, deren Grenze aber, besonders von der Dorsalseite, noch deutlich erkennbar ist. Sie bilden zusammen ein ziemlich kleines Stück,
dessen Innen- und Distalrand vier sehr kräftige, ventralwärts und nach
außen gekrümmte Haken trägt, von denen je zwei jedem seiner beiden
Bestandteile zukommen. Dieses bewehrte Endglied des Palpus ist ganz
wenig in der Querrichtung vertikal gedreht und liegt dem bei *Rocinela*

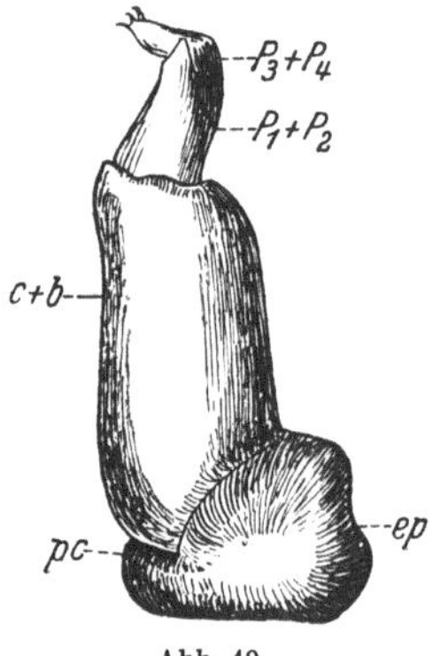

Abb. 49.   Abb. 50.

Abb. 49. Linker Maxilliped von *Cymothoa oestrum* L., ♂, Ventralseite. Erklärungen wie bei
Abb. 47. Vergr. 20×. — Abb. 50. Rechter Maxilliped von *Cymothoa oestrum* L., ♂, Dorsalseite.
I Eingangsöffnung in das Innere des Maxillipeden. Mit ihren Rändern ist sie an die Kopfkapsel
festgewachsen. Vergr. 20×.

sehr flachen, von den übrigen Mundwerkzeugen gebildeten Kegel von
der Seite an. Dorsal ist der Maxillipedensympod in derselben Weise ausgebildet wie bei *Aega*.

Bei den Cymothoinen ist die Reduktion der Einzelglieder des Maxillipeden (Abb. 49/50) noch weiter als bei *Rocinela* fortgeschritten. Der
Sympodit besteht nur aus zwei Gliedern. Es ist schwer zu sagen, ob das
erste und zweite Glied oder das zweite und dritte miteinander verwachsen
sind, oder auch vielleicht die Praecoxa ganz obliteriert ist; doch scheint
mir die erste Vermutung am meisten wahrscheinlich. Das Grundglied
des Sympoditen ist ziemlich groß und ungefähr rund, bei manchen
Gattungen mit einem Lappen an der Außenseite, der wohl als der ebenfalls mit dem Grundglied verwachsene Epipodit zu deuten ist. Bei den
verschiedenen Gattungen lassen sich verschieden viele (bei *Anilocra*
z. B. vier) stärker chitinisierte Stücke an dem Grundgliede wahrnehmen,

ohne daß es Sinn hätte, sie mit irgendwelchen ursprünglichen Bestandteilen der Cymothoinen-Maxillipeden identifizieren zu wollen. Das zweite Sympoditenglied ist sehr groß und beträgt an Länge die Hälfte oder häufig mehr derjenigen des gesamten Gliedes; jedoch ist es schmäler als das erste. Hieran setzt sich der stets viel schmälere, zweigliedrige Palpus an. Dessen erstes Glied ist bei den Cymothoinen stets im Gegensatz zum horizontal und parallel zur Kopfmittellinie gerichteten Sympoditen schräg nach außen gerichtet. Daran setzt das sehr kleine, meist in der Form eines länglichen Dreiecks ausgebildete zweite Glied des Palpus wiederum unter einen Winkel an, so daß seine Spitze schräg nach innen gerichtet ist; sie ist mit einigen kleinen hakig gekrümmten Zähnen versehen. Überdies ist der ganze Palpus um die Längsachse etwas in die Vertikale herumgedreht, so daß sein Innenrand ventralwärts gewendet wird. Auch bei den Cymothoinen liegt der Maxillipedenpalpus seitlich außen um den von den Mundwerkzeugen gebildeten Kegel herum.

3. Lage und Anordnung der saugenden Mundwerkzeuge.

Zur Verdeutlichung der Funktion der einzelnen Mundgliedmaßen soll im folgenden zunächst ihre Lage zueinander und dann die Muskulatur untersucht werden, die sie oder ihre Einzelglieder bewegt oder hält.

Bei Aufsicht auf die Ventralseite des Kopfes sieht man die distalen Enden der Mundgliedmaßen einen mehr oder weniger flachen Kegel bilden. Er ist allerseits möglichst geschlossen und weist nur an der Spitze eine deutliche Öffnung auf (Abb. 28—31, 51), an die, wie gezeigt wurde, die meist deutlich zugespitzten Mundgliedmaßen mit ihrem allein zur Wirksamkeit befähigten Ende zu liegen kommen. Dieser Kegel wird auf folgende Weise gebildet: Nach vorn hin begrenzt ihn das Labrum samt Clypeus, die zusammen ein Stück bilden und annähernd vertikal, ein wenig nach hinten geneigt, aus der Kopfkapsel herausstehen. Sie siend in horizontaler wie auch besonders in vertikaler Richtung deutlich gekrümmt. Diesem Stück liegen von innen her die beiden ungefähr schief pyramidenförmig gestalteten und auch vertikal gerichteten Kaurandteile der Mandibeln an. Mit den am Grunde befindlichen Gelenkhöckern sind sie in die an dieser Stelle dünnhäutige ventrale Bedeckung der Kopfkapsel gelenkig eingelassen und auch ein kurzes Stück von dem Condylus aus zur Kopfmittellinie hin mit der Kopfkapsel verwachsen. Zwischen den beiderseitigen Kaurandteilen ist ein kleiner Spielraum vorhanden; ihre Eckzähne kommen ungefähr in der Mitte nahe beieinander hinter den distalen Rand des Labrum zu liegen. In den Winkel, den jederseits nach hinten dieser vertikal gestellte Mandibelteil zu seinem schräg nach außen und hinten führenden Verbindungsstück mit dem eigentlichen Corpus mandibulae bildet, ist die Unterlippe eingebettet, die in ihrem Verlauf von hinten nach vorn in der Vertikalebene dem-

zufolge auch einen Winkel bildet. Die proximalen Halbteile der beiden
Äste des Labium sind neben der Mundspalte festgewachsen und erstrecken sich in Gestalt dicker Wülste von dort horizontal nach vorn.
Sie liegen eng aneinander, jedoch schließen sie, wie oben gezeigt wurde,
durch Längsauskehlung der Flächen, mit denen sie aneinanderstoßen,
ein in die Mundspalte mündendes Hohlrohr zwischen sich ein. Die distale
Halbteile der Unterlippenäste sind, an den Kaurandteilen der Mandibeln
anliegend, mehr vertikal gerichtet, sie divergieren anfangs voneinander,
um sich dann mit ihren Spitzen wieder einander zuzukrümmen. Die
Spitzen der Unterlippenäste kommen so etwas unterhalb und hinter den
Eckzähnen des Mandibelschneiderandes zu liegen.

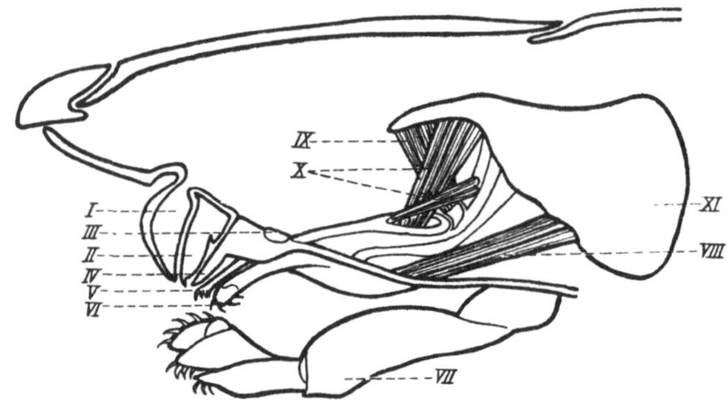

Abb. 51. Sagittalschnitt durch die Kopfkapsel von *Aega psora* L., ♂. Im Innern nur Endoskelett,
Maxillula, Muskulatur der Maxillula und Maxille eingezeichnet. *I* Labrum, *II* Kaurandteil der
Mandibel, *III* Mundöffnung, *IV* Labium, *V* Distales Ende der Maxillula, *VI* Maxille, *VII*
Maxillipes, *VIII* Adduktoren der Maxille, *IX* Protractor der Maxillula, *X* Retractores der Maxillula, *XI* Endoskelett. Zur besseren Verdeutlichung ist der Maxillipes ventralwärts ein wenig
abgehoben. In der Normallage liegt er mit den Palpusgliedern (s. Abb. 45, 46) dem Mundwerkzeugkegel seitlich an. Vergr. 16×.

Hiernach wollen wir unsere Aufmerksamkeit zunächst auf die Maxillen
(oder zweiten Maxillen) richten, die als fast in ihrer ganzen Länge gleich-
breite, flachspatelförmige Gliedmaßen mit den proximalen zwei Dritt-
teilen ihrer Länge der Ventralseite der Kopfkapsel flach anliegen. Die
eng aneinander liegenden distalen Drittteile aber sind schräg ventralwärts
gebogen und liegen den Unterlippenästen bis an deren Ende eng auf.
Zum Teil ziehen sie sich auch noch seitlich etwas herum und umfassen
die Paragnathenäste von außen. Zusammen sind die distalen Enden der
Maxillen so breit oder beinahe so breit wie die Oberlippe. Bei ihrem erwähnten engen Aufliegen auf die gesamte Unterlippe fügen sie sich aber
nicht dem Winkel ein, den in der Vertikalen deren proximaler und distaler
Teil miteinander bilden. So bleibt hier ein Hohlraum ausgespart, und gerade auf ihn kommt die ausgekehlte Rinne zu liegen, die sich längst über
die Dorsalseite der gesamten Maxille zieht. Auf diese Weide entsteht
trotz des engen Aufeinanderliegens von Labium und Maxille zwischen

ihnen ein ungefähr rundes Loch, und dieses Loch funktioniert nun als Führung für das distale Ende der Maxillula. Es wurde ja schon weiter oben gezeigt, wie die Maxillula von der Stelle ihres Austretens aus der Kopfkapsel an zwischen deren Ventralseite und der dieser fest aufliegenden zweiten Maxille verläuft in einer über die ganze Länge von deren Dorsalseite nahe dem äußeren Rande zu verfolgenden Rinne. Eine Ausnahme macht *Rocinela*, deren Maxillulae ein gutes Stück frei liegen wegen der großen Schmalheit der distalen Maxillenhälfte; doch auch bei ihr liegt das unmittelbar distale Ende der Maxillulae wieder unter dem der Maxille (Abb. 30, *VII, VIII*). Von da an, wo das distale Ende der Maxillula, ventralwärts gewendet, in den Mundgliedmaßenkegel eintritt, wird seine besondere sichere Führung durch jenen Führungskanal zwischen Labium und Maxille ermöglicht. Die bewehrten Spitzen der Maxillulae endlich kommen unmittelbar nebeneinander und dicht hinter die Eckzähne der Mandibel zu liegen. Der Mundgliedmaßenkegel ist damit vollständig: nach vorn begrenzen ihn das feste und ganz unbewegliche Labrum samt Clypeus, nach hinten die eng zusammenliegenden distalen Maxillenenden, nach den Seiten die freien, annähernd vertikal gerichteten Lappen der Unterlippe. Deren nach innen gekrümmte Spitzen schränken auch die an der Spitze des Kegels gelegene, durch die Distalränder des Labrum und der Maxillen bedingte an sich schlitzförmige Öffnung von der Seite her ein auf einen verhältnismäßig kleinen Umfang. Aus dieser Öffnung treten dann die Spitzen der im Inneren des Kegels gelegenen Mundgliedmaßenenden, der Maxillulae und der Mandibeln, hervor.

Dieser Kegel enthält das „Saugrohr“, das von seiner an der Spitze gelegenen Öffnung bis zur eigentlichen Mundspalte führt, mit der der Ösophagus beginnt. In seinem Endteil verläuft dieses Saugrohr ungefähr vertikal von der Öffnung an der Kegelspitze bis an die basalen Wülste der Äste des Labiums, der proximale Teil verläuft schräg, fast ganz horizontal, und wird, wie weiter oben gezeigt, lediglich durch die basalen Wülste der Unterlippenäste gebildet, die durch Auskehlung der Flächen, mit den sie eng aneinanderliegen, zwischen sich ein Hohlrohr einschließen. Nur in diesem, der Mundspalte zunächst liegenden Teil ist der Durchschnitt des Saugrohres wirklich kreisförmig, während im distalen Teil, der durch das geschilderte enge Zusammenliegen von Clypeus samt Labrum, den Enden der Mandibeln, Maxillulae, Unterlippenästen und Maxillen gebildet wird, der Durchschnitt des Saugrohres ziemlich unregelmäßig zu denken ist.

Von hoher Wichtigkeit für ein möglichst zuverlässiges Funktionieren des Saugrohres ist seine Verfestigung, besonders im distalen Teil, wo an seiner Bildung mehrere Elemente beteiligt sind. Diese Festigkeit wird durch das bloße geschilderte Zusammenliegen der Mundgliedmaßenenden nicht bewirkt; und hier liegt die Aufgabe der Maxillipeden, deren Rolle

bei der Bildung des Saugrohres wir bisher nicht erwähnten. Die Maxillipedenpalpen legen sich um den das Saugrohr enthaltenden Kegel beiderseits herum. Sie drücken die Mundgliedmaßen, die seine Wandung bilden,
dadurch fest zusammen, um so ihre Lockerung und damit ein Undicht-
werden des Saugrohres zu verhindern (Abb. 28, 30, 31, *X*). Den Gegen-
druck für die vornehmlich von hinten und von der Seite in der angegebenen Weise wirkenden Maxillipedenpalpen liefert das Labrum samt
Clypeus, die fast den gesamten vorderen Halbmantel des Kegels aus-
machen. Sie sind zu einem Stück miteinander verwachsen und fest und
ganz unbeweglich in die Ventralseite der Kopfkapsel eingelassen. Bei
Aega und *Rocinela* bleiben die Maxillipedenpalpen frei beweglich und
umgeben mit den kräftig bewehrten Innenrändern ihrer distalen Glieder
die Öffnung des Mundgliedmaßenkegels. Bei den Cymothoinen aber, wo
sie nach außen winklig geknickt und am Ende nur schwach bewehrt sind
bewirken sie die Verfestigung des Saugrohres in vielen Gattungen in einer
noch wirkungsvoller erscheinenden Art. Bei *Anilocra* ist der Maxillipedenpalpus unter das dicke, fest und unbeweglich mit dem Corpus mandibulae
verbundene erste Glied des Mandibelpalpus geschoben (Abb. 31, *X*), das
unmittelbar neben den Mundgliedmaßenkegel entlang nach vorn führt.
Hierdurch wird natürlich bewirkt, daß der Maxillipedenpalpus denkbar
fest dem Mundgliedmaßenkegel anliegt. Bei *Nerocila*, *Livoneca* u. a.
wieder legt sich das letzte Glied des Maxillipedenpalpus mit seinem
äußeren Rande dicht hinter und unter den distalen Rand des Labrums,
in den es auch mit seiner geringen Endbewehrung eingehakt erscheint.
Auch dadurch wird bei der Unbeweglichkeit des Labrums eine von vorn
herein sehr feste Lage des Maxillipedenpalpus bewirkt. Über dies scheint
bei den Cymothoinen überall noch der Mandibelpalpus an der Verfestigung des Mundgliedmaßenkegels teilzunehmen durch die Unbeweglichkeit zumindest seiner beiden stark verdickten vorderen Glieder, bei
einigen, wie *Anilocra*, ganz sicher auch noch des dritten. Es liegen
nämlich die beiden ersten Mandibelpalpusglieder stets ganz eng um den
Mundgliedmaßenkegel bis vor die Oberlippe herum, die dritten Glieder
sind dann bei einigen klein und frei, während sie z. B. bei *Anilocra*
schwammig aufgetrieben und weich sind und eng aneinander gedrückt
in der Vertiefung an der ventralen Kopfseite zwischen Lamina frontalis
und Clypeus samt Labrum liegen.

Bei den mit Oostegiten ausgerüsteten ♀♀ erleiden die Maxillipeden
bedeutende Umgestaltungen, die sie zur Verfestigung des Mundgliedmaßenkegels gänzlich ungeeignet machen. Sie entwickeln einen rudimen-
tären Oostegiten und noch verschiedene andere nach der Seite und nach
vorn gerichtete, große Anhänge. Diese nach vorn gerichteten Anhänge
bedecken die Öffnung des Mundgliedmaßenkegels vollständig, so daß
eine Nahrungsaufnahme der ♀♀ in diesem Stadium nicht möglich er-

scheint und wohl auch nicht stattfindet; dennoch scheint bei derartigen Tieren mehr oder weniger deutlich das Bestreben vorhanden zu sein, irgendwie einen Ausgleich zu schaffen für die mit der Umgestaltung der Maxillipeden verloren gehenden Verfestigung des Mundgliedmaßenkegels durch diese Gliedmaßen. Dieser Ausgleich scheint sich wohl immer zu finden in einer seitlichen Verbreiterung der (zweiten) Maxillen. Von *Aega* und *Rocinela* lagen mir keine ♀♀ mit Oostegiten vor. Doch HANSEN (5), der eine derartige *Aega* auch nicht kennt, berichtet von der *Rocinela*, daß bei den ♀♀ mit Oostegiten die Maxillen seitlich verbreitert seien und am äußeren Rand in der zweiten Hälfte eine Reihe langer und gefiederter Borsten aufweisen. Immerhin geht aus seiner Schilderung nicht hervor, ob und inwiefern diese Maxillenverbreiterung auch eine Verfestigung des Mundgliedmaßenkegels bewirke. Für *Anilocra* konnte ich die Verhältnisse selbst untersuchen, und dort findet sich folgendes: Bei den mit vollentwickelten Oostegiten versehenen ♀♀ sind die Maxillen (Abb. 42/43) distalwärts außerordentlich verbreitert (im Gegensatz zu den über ihre ganze Länge ungefähr gleich breiten der ♂♂). Mit dem äußeren Rande dieser Verbreiterung sind sie stark dorsalwärts gekrümmt und, ähnlich wie bei den ♂♂ die Maxillipedenpalpen, zwischen das unbewegliche erste Mandibelpalpenglied und den Mundgliedmaßenkegel geschoben. An der breitesten Stelle entwickeln sie am äußeren Rande einige schwache nach vorn ventralwärts gekrümmte Haken, die zur Befestigung des zwischen Kegel und erstem Mandibelpalpenglied geschobenen Maxillenaußenrandes an dem Mandibelpalpus dienen. So wird auf ähnliche Weise wie bei den ♂♂ und ♀♀ ohne Oostegiten eine Verfestigung des Mundgliedmaßenkegels erreicht. Am Innenrande der Maxillae von ♀♀ mit Oostegiten ist bei *Anilocra* außer an den unmittelbar proximalen und ganz distalen Teilen eine feine kurze, aber sehr dichte Behaarung entwickelt, um ein möglichst gutes und sicheres Aneinanderliegen der beiden Maxillen mit ihren Innenrändern trotz des Fortfalles der beiden mit ihrem Druck fest darüberliegenden Maxillipeden zu gewährleisten.

Nach Kenntnis des Baues und der Anlage des Mundgliedmaßenkegels kann schon gesagt werden, daß eine gewisse freie Beweglichkeit innerhalb des ihnen zur Verfügung stehenden Spielraumes und damit eine aktive Wirksamkeit eigentlich nur diejenigen Mundgliedmaßen entfalten können, die am Zustandekommen des Saugrohres nicht dadurch beteiligt sind, daß sie irgendwie seine Wandung bilden; also vornehmlich die im Inneren des Kegels enthaltenen und nur an seiner Spitze zutage tretenden Mandibelschneideränder und die Maxillulae, daneben vielleicht auch noch bei *Aega* und *Rocinela* die Maxillipedenpalpen. Denn Maxillen, Labium und bei den Cymothoinen auch die Maxillipeden dürfen keine nennenswerte selbständige Beweglichkeit entfalten, um den Zusammenhang des Saugrohres nicht zu gefährden. Vom Labrum war weiter oben schon gesagt, daß es samt Clypeus vollkommen fest und unbeweglich ist. Für Mandibeln und Maxillulae, deren wirksame Elemente ja ihre äußersten, an der Spitze des Kegels liegenden bewehrten Enden darstellen, läßt sich weiterhin sagen, daß ihre Bewegungen gemäß der kleinen Öffnung des Kegels auch von nur sehr geringem Umfange sein können. Für den Maxillipedenpalpus bei *Aega* und *Rocinela* lassen sich ja zunächst größere Bewegungen denken; wie sie jedoch vor sich gehen und zu welchem Zweck, soll noch gezeigt werden.

4. Muskulatur und Funktion der saugenden Mundgliedmaßen.

Über die Bewegungsmöglichkeit der Mundwerkzeuge im weiteren Sinne soll uns wiederum, wie bei *Cirolana*, die Untersuchung ihrer Muskulatur Aufschluß geben. Clypeus samt Labrum besitzen bei ihrer Festigkeit und Unbeweglichkeit keine Muskulatur. Von den Mandibeln konnte schon bei ihrer rein morphologischen Untersuchung zumindest für das Corpus mandibulae nur eine sehr schwache Beweglichkeit angenommen werden: es ist durch sehr zähe, kaum einen Spielraum gestattende Nahthäute mit der Kopfkapsel verwachsen, der hintere, bei *Cirolana* so wohl ausgebildete Gelenkkondylus ist überaus stark reduziert (*Aega*) oder völlig obliteriert (*Rocinela*, Cymothoinen). Daher nahm SCHIÖDTE (12) eine völlige Unbeweglichkeit für das Corpus mandibulae an, und wollte nur den Kaurandteil der Mandibel, den er für gelenkig mit ihrem Corpus verbunden hielt, beweglich wissen. Ein derartiges Gelenk ist nun keineswegs vorhanden, worauf HANSEN (5) hinweist. Doch ist wohl auch er nicht ganz im Recht, wenn er jede selbständige Beweglichkeit des Kaurandteils der Mandibel gegen deren Corpus in Abrede zu stellen scheint. Allein die Elastizität des wenn auch aus festem Chitin bestehenden, so doch nicht allzu dicken Verbindungsstückes zwischen den beiden Komponenten der Mandibel ermöglicht eine gewisse, obschon nur geringe selbständige Beweglichkeit des vertikal gestellten Kaurandteiles der Mandibel gegen ihr Corpus. Aber diese Beweglichkeit ist in keinem Falle möglich in der Querrichtung, sondern nur in einer von vorn und außen schräg nach hinten und innen verlaufenden Richtung.

Das Corpus mandibulae besitzt in der Tat adduzierend und abduzierend wirkende Muskeln (Abb. 52/53; Abb. 60—62, *VIII*, *IX*, *XIV*). Als Adduktor wirkt bei allen untersuchten Formen (*Aega*, *Rocinela*, *Cymothoa*, *Anilocra*) ein Muskelbündel, das mit einer kurzen chitinigen Sehne am Innenrande des Mandibelcorpus nahe seinem hinteren Ende ansetzt. Es läuft senkrecht durch das Kopfinnere nach oben, sich umgekehrt kegelförmig erweiternd, und ist an der Dorsalbedeckung der Kopfkapsel von innen in breiter Fläche angewachsen. Abduzierend wirken zwei verschieden gerichtete, recht schwache Muskelbündel. Das eine setzt am Außenrande des Mandibelcorpus mit bei *Aega* deutlicher, bei den anderen

schwächerer chitiniger Sehne an und verläuft nach außen an die seitliche
Wandung der Kopfkapsel, wo es von innen dorsalwärts etwas über die
Mitte ansetzt. Der andere Abduktor besteht bei *Rocinela* aus mehreren,
sehr dünnen, bei *Aega* und *Cymothoa* nur zwei etwas stärkeren Muskelsträngen, die voneinander getrennt verlaufen. Einer von ihnen, bei *Aega*
und *Cymothoa* der dünnere, setzt immer in der inneren (dorsalen) flachen
Aushöhlung des Mandibelcorpus nahe der Ansatzstelle des ersterwähnten
Abduktor an, der andere, bei *Rocinela* die anderen, durch Zwischenräume
voneinander getrennt, setzen an den ja ziemlich breiten Außenrand des

Mandibelcorpus an, in der
gleichen Gegend, wie der nach
außen zur Kopfkapsel ziehen-
de Abduktor. Von dort verlaufen sie alle schräg nach
innen zu beinahe demselben
Ansatzpunkte, an dem am
meisten nach vorn gelegenen
Punkte des Innenskelettes.
Der wirklich abduzierenden
Tätigkeit desjenigen Muskel-
stranges, der nicht am Rande,
sondern in der dorsalen Aushöhlung des Mandibelcorpus
ansetzt, bin ich nicht ganz
sicher. Es läßt sich in dieser
Anlage der Mandibular-
muskulatur eine weitgehende
Übereinstimmung mit der bei
Cirolana feststellen, nur das
die Ansatzstelle des nach innen führenden Abduktors am

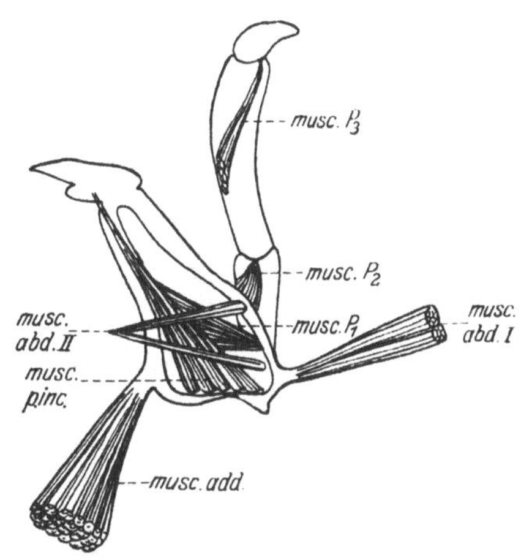

Abb. 52. *Aega psora* L., rechte Mandibel mit Muskulatur, Dorsalseite. *musc.add.* Adducens der Mandibel,
musc.abd. I Abducens der Mandibel, *musc.abd. II* Hilfsmuskel des Abducens, *musc.p.inc.* Muskel zur Bewegung
des Kaurandteiles der Mandibel, setzt an die dort dünne
Haut der Kopfkapsel an, mit der der Kaurandteil verwachsen ist, *musc.*P₁ Muskel des 1. Palpusgliedes, wirkt
abducierend für den ganzen Palpus, *musc.*P₂, P₃ Beweger des 2. und 3. Palpusgliedes. Vergr. 16×. Vgl.
Abb. 60, *VII, VIII, IX, XII, XIII, XIV.*

Innenskelette nicht wie bei *Cirolana* an dessen nach vorn führenden
Balken, sondern wegen dessen Reduktion bei den Aeginen und Cymothoinen mehr an die hintere Verbreiterung des Innenskelettes verlegt ist.

Durch diese Muskeln sind also die Vorbedingungen für eine Bewegung
des Corpus mandibulae um seine Längsachse gegeben. Ohne Zweifel ist
sie nur äußerst geringfügig wegen der erwähnten ziemlich festen Verbindung dieses Mandibelteiles mit der ventralen Kopfkapsel und des geringen
Spielraumes, den die Nahthäute gestatten. Ferner spricht für eine geringe
Beweglichkeit auch die Reduktion oder das völlige Verschwinden des
hinteren Gelenkkondylus. Es leuchtet aber ein, daß eine selbst sehr geringe Drehung des Mandibelcorpus für die Tätigkeitsentfaltung ihres
Kaurandteiles vollkommen ausreicht. Diese Drehung wird in der Quer-

richtung des Kopfes auf den vertikalstehenden Kaurandteil übertragen, der in dieser Richtung ganz unbeweglich gegen das Corpus ist; es wird dabei der einzig zur Wirksamkeit geeignete an der Spitze stehende Eckzahn wegen seiner größeren Entfernung von der Drehungsachse einen weiteren Weg beschreiben, als irgendein Punkt der Außenränder des Mandibelcorpus. Dazu muß man sich noch vergegenwärtigen, daß ja der aus der Öffnung des Mundwerkzeugkegels hervorstehende Eckzahn wegen der geringen Weite dieser Öffnung nur ganz geringfügige Bewegungen ausführen darf, um nicht die Festigkeit des Kegelgefüges und damit die Dichtigkeit des durch ihn gebildeten Saugrohres zu gefährden. So ist es zu verstehen, daß tatsächlich das Mandibelcorpus nur äußerst geringfügig um seine Längsachse bewegt zu werden braucht, um die Mandibel durch ihren distalen Eckzahn in Tätigkeit treten zu lassen. Diese ist hierbei in der Weise zu denken, daß die Zähne der beiderseitigen Mandibeln sich in der Querrichtung des Kopfes gegeneinander bewegen.

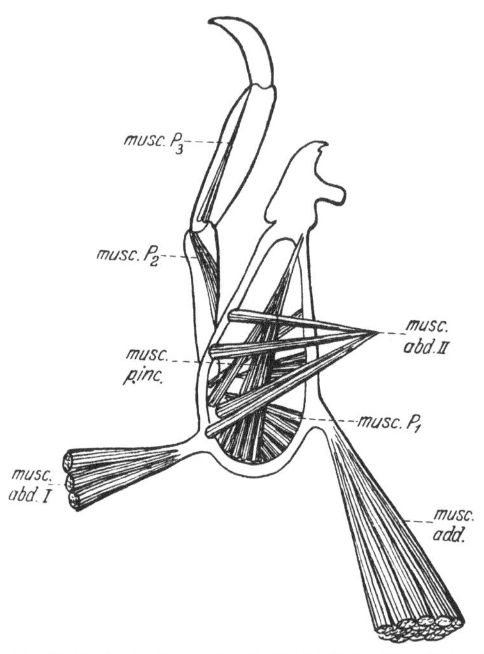

Abb. 53. *Rocinela danmoniensis* LEACH, linke Mandibel mit Muskulatur, Dorsalseite, Erklärungen wie bei Abb. 52. Vgl. Abb. 61. Vergr. 24×.

Ein weiteres Bewegungsmoment aber für die Mandibeleckzähne wird geschaffen durch die Beweglichkeit des Kaurandteiles der Mandibel gegen deren Corpus in der Richtung von vorn außen schräg nach innen und hinten. Eine solche Bewegung wird bewirkt durch ein ziemlich umfangreiches, aus vielen einzelnen Fasern bestehendes Muskelbündel, das im hintersten Drittel des dorsalen Hohlraumes am Mandibelcorpus mit breiter Fläche ansetzt, dann nach vorn sich verjüngend in eine chitinige Sehne ausläuft (Abb. 52/53, *musc. p. inc.*; Abb. 60—62, *XII*). Diese ist aber nicht, wie noch SCHIÖDTE (12) annahm, der diesen Muskel allein als die Tätigkeit der Mandibel bewirkend ansah, an den Kaurandteil der Mandibel direkt angewachsen. Wie schon erwähnt, ist dessen wohl ausgebildeter Condylus, der vordere Gelenkhöcker der Mandibel, mit dem in dieser Gegend dünnhäutigen Chitin an der Ventralseite der Kopfkapsel verwachsen, aber nicht nur der Condylus selbst, sondern auch noch ein Stück von ihm zur Mittellinie des Kopfes ist der Kaurandteil mit der Kopfkapsel durch eine dünne, aber zähe, ziemlich weite Chitinhaut verwachsen. An diese Haut nun, dicht seitlich nach innen neben dem Condylus und nahe ihrer Verwachsungsnaht mit dem Mandibelkaurandteil setzt die Sehne des oben erwähnten, im Mandibelcorpus liegenden Muskels an. So ist sie in der Lage, indirekt einen Zug auf den Mandibelkaurandteil auszuüben, der seine Spitze schräg nach hinten und innen führt. Dabei muß man sich etwa denken, daß die Pyramide, die der Mandibelkaurandteil ja in seiner Vertikalstellung bildet, um die am weitesten nach außen gelegene Ecke seiner Grundfläche, welche Ecke eben der Condylus darstellt, in der horizontalen ein wenig gedreht wird. Eine solche Bewegung selbständig auszuführen ist, wie gesagt, im Gegensatz zu einer in der Querrichtung verlaufenden der Mandibelkaurandteil in gewissen Grenzen wohl in der Lage. Da sie nicht an Hand eines Gelenkes, sondern nur durch die Elastizität des Verbindungsstückes zwischen den beiden Mandibelkomponenten ermöglicht wird, kehrt bei Nachlassen des Zuges durch den Muskel der Mandibelkaurandteil wieder in seine Normallage zurück. Diese Bewegung des Mandibelkaurandteiles wird in Verbindung mit der vorher erwähnten quergerichteten unter Umständen ein Rotieren des Eckzahnes im kleinsten Kreise zustande kommen lassen. Aus all dem Gesagten ist die Tätigkeit und Aufgabe der Mandibeln darin zu erblicken, gemeinsam eine Öffnung in die Haut des befallenen Wirstieres zu zwicken und es zu erweitern oder auszubohren. Den nötigen Druck dafür liefert wohl das mit den zu Klammerfüßen umgestalteten Thorakopoden bewerkstelligte feste Anpressen des Parasiten an das Wirtstier.

Von den drei Gliedern des Mandibelpalpus besitzt bei *Aega* und *Rocinela* jedes einen, bei dem ersten als Abduktor, bei den zweiten und dritten als Adduktor wirkenden Muskel (Abb. 52, 53, *musc.* P_{1-3}; Abb. 60, 61, *XIII*). Derjenige des ersten Gliedes ist verhältnismäßig groß, er besteht aus vielen einzelnen Muskelsträngen, die fächerförmig ausgebreitet längs des Innenrandes des Mandibelcorpus angeheftet sind. Von dort laufen sie ungefähr in der Querrichtung, etwas schräg nach hinten, in eine kurze Sehne zusammen, die an der am weitesten nach hinten liegenden Stelle der Basis des ersten Palpengliedes ansetzen, das gelenkig an dem Mandibelcorpus befestigt ist. Ein Zug dieses Muskels bewegt den ganzen Palpus nach außen, am stärksten natürlich mit seinem distalen Ende. Ein Adduktor ist nicht vorhanden; vermutlich kehrt nach Aufhören des Zuges durch den Muskel vermöge der Elastizität der Nahthäute zwischen dem Palpus und der Mandibel jener von selbst wieder in die Normallage zurück. Der Adduktor des zweiten Gliedes ist im Inneren des ersten an dessen dorsaler Wandung festgewachsen und übt seinen Zug aus auf einen Vorsprung an der am weitesten dorsalliegenden Stelle des basalen Randes des zweiten Palpengliedes. Dessen Bewegungen verlaufen nicht in der Horizontalen, wie die des ersten Palpengliedes, sondern in der Vertikalen. Der Adduktor des dritten Gliedes endlich bewegt dieses Glied wieder in der Horizontalebene, er ist lang und schmal und nimmt in der Länge über die Hälfte des zweiten Palpengliedes ein. Die Palpen sind mit Sinnesorganen ausgestattet und funktionieren vermutlich als Taster; ob sie daneben noch mechanische Funktionen des Greifens haben und in welcher Weise sie diese ausüben, ist ohne Beobachtungen der lebenden Tiere kaum zu sagen.

Bei den Cymothoinen (*Anilocra*, *Cymothoa*) ist nur ein bei dem *Aega* und *Rocinela* vorhandenen Abduktor des ersten Palpusgliedes homologer Muskel festzustellen. Da er aber im ersten Palpusglied erst distal von dessen Mitte an der Dorsalseite nahe dem äußeren Rande ansetzt, wirkt er bei diesen Tieren als Adduktor für den gesamten Palpus. Im Palpus setzen die einzelnen Muskelstränge deutlich voneinander getrennt an, laufen dann aber nach hinten zusammen und finden an dem Punkte in der Dorsalöffnung des Mandibelcorpus ihre Ansatzstelle, der unmittelbar innen neben der Basis des Palpus liegt. Das ist bei den Cymothoinen möglich, weil der Palpus vom vorderen Ende des Mandibelcorpus seinen Ursprung nimmt.

Für die Bewegungen der Maxillula läßt sich schon aus der Kenntnis ihrer Gestalt und Lage entnehmen, daß sie nur in deren Längsrichtung, von vorn nach hinten erfolgen können. Denn die Lage ihres Basipoditen in einer Längsrinne auf der Dorsalseite der Maxille und am distalen Ende in einer festen Führung zwischen Maxille und Labium erlaubt keine seitlichen, irgendwie in der Querrichtung verlaufende Bewegungen. Diese Bewegung in der Längsrichtung wird ermöglicht durch Streckung des Winkels, den das erste (und zweite) Glied einerseits, das dritte andererseits miteinander bilden. Schon bei *Cirolana* war eine ähnliche Anordnung der Einzelglieder der Maxillula zueinander zu beobachten, wenn auch nicht so ausgeprägt, wie bei den Aeginen und Cymothoinen, und auch bei ihnen wurde dadurch eine Vor- und Rückwärtsbewegung der Maxillula ermöglicht. Zum Strecken der Maxillula und Vorwärtsführen ihres distalen Endes dient ein aus vielen Einzelsträngen bestehender Muskel (Abb. 54), der mit einiger Ausdehnung dorsal am Innenskelett festgewachsen ist. Und zwar ist er an der Stelle festgeheftet, die vor der Basis der Praecoxa der Maxillula liegt, dort wo das Innenskelett einen kleinen, ungefähr horizontal liegenden Vorsprung bildet und weiter nach vorn dann in den freien Zinken ausläuft. An dem äußeren Rande dieses Vorsprungs und zum Teil auch noch des Zinkens setzen nun die Einzelstränge jenes Muskels an und verlaufen ventralwärts ungefähr zum Scheitelpunkt

des durch die Einzelglieder der Maxillulae gebildeten Winkels. Dort
setzen sie an sehr eng begrenzter Stelle am distalen Ende der Praecoxa
und, bei *Aega*, die sie als gesondertes Glied besitzt, auch an die Coxa an
(Abb. 54, *I*). Beim Zug des Muskels wird der Winkel, den die Maxillula
bildet, gestreckt, dabei müssen die Endpunkte seiner immer die selbe
Strecke langen Schenkel sich voneinander entfernen. Da nun der eine —
die Praecoxa — mit seinem Endpunkte, der Praecoxenbasis, festgewachsen ist und seine Lage nicht ändern kann, wird dies der Endpunkt
des anderen Schenkels — des Basipoditen — ganz sicher tun: das distale
Ende der Maxillula wird nach vorn rücken. Der Scheitelpunkt des Winkels der Maxillula liegt ungefähr an der Stelle ihres Austrittes aus der
Kopfkapsel. Durch das Strecken dieses Winkels wird sein Scheitelpunkt
und auch der proximale Teil des horizontal liegenden dritten Gliedes
dorsalwärts in das Innere des Kopfes hineingezogen. Das wird ermöglicht
durch die an dieser Stelle weite und ganz dünnhäutige ventrale Bedeckung

der Kopfkapsel, die außerdem noch durch einen be-
sonderen Muskel nach innen
gezogen werden kann. Die-
ser Muskel setzt vor der Austrittsöffnung der Maxillula
aus der Kopfkapsel an und
zieht sich vertikal in die
Höhe bis zur Dorsaldecke
des Kopfes (Abb. 60—62,
XV). Um das auf die eben

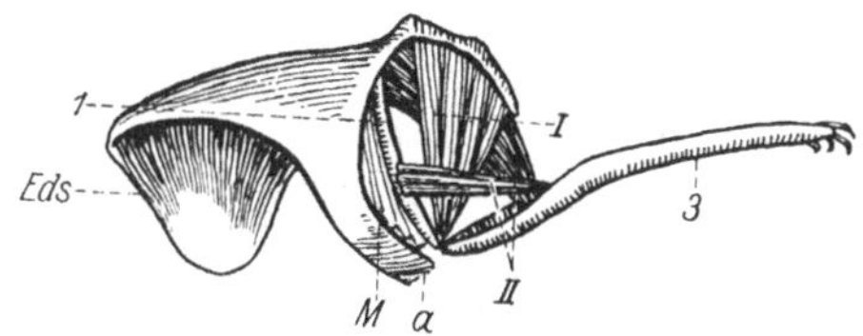

Abb. 54. *Rocinela danmoniensis* LEACH, rechte Maxillula
von der äußeren Seite. *1* Praecoxa, *3* Basis, *Eds.* Endoskelett des Kopfes, *a* Stelle der Verwachsung des Endoskeletts mit der Kopfkapsel, *m* faltige Chitinhaut zwischen
1 und *Eds.*, *I* Musculus protractor maxillulae, *II* Musculi retractores maxillulae. (Vgl. Abb. 60, 61, *X*) Vergr. 24 ×.

geschilderte Weise nach vorn gerückte dritte Glied wieder zurückzuziehen
und die Maxillula wieder in ihre Normallage zu bringen, tritt ein dem
Strecker der Maxillula ganz ähnlich gestalteter, aber stärkerer Muskel in
Tätigkeit. Er ist dorsal an dem gleichen nach vorn liegenden Vorsprung
des Innenskelettes festgewachsen, aber an dessen Innenrande und etwas
hinter dem anderen (Abb. 54, *II*). Von dort verläuft er nach dem dritten
Gliede der Maxillula, in das er durch deren oben erwähnte Öffnung im
proximalen Teil eintritt, um dort, ein gutes Stück vor der Basis dieses
Gliedes, sich anzuheften, Durch den von diesem Muskel ausgeübten Zug
wird das dritte Glied der Maxillulae einfach nach hinten gezogen, wodurch
dann bei seiner verhältnismäßig starren Konstruktion der gesamte Apparat der Maxillula in seine Ursprungslage zurückkehrt. Zur Unterstützung
dieses Muskels dient offenbar ein weiterer sehr dünner Muskel, der in un-
mittelbarer Nähe des vorigen in dem dritten Gliede der Maxillulae ansetzt,
ein Stück vor dessen Basis (Abb. 54, *II*). Von dort aus zieht er sich nach
außen von dem zur Streckung des Maxillula-Apparates dienenden Muskel
entlang bis ungefähr zur Mitte der Praecoxa, wo er festgewachsen ist.

Die Funktion der Maxillula darf man sich sicher nicht als die einer
Stechborste vorstellen, wozu ihre Gestalt ähnlich wie die der Maxillulae
bei den Larven der Gnathiiden und bei den parasitischen Anthuriden ver-
lockt. Die Vor- und Rückwärtsbewegungen, die die Maxillulae bei den
Aeginen und Cymothoinen ausführen können, sind sicher nur sehr gering,
wenn sie auch durch die Enge der Öffnung des Mundwerkzeugkegels nicht
behindert sind. Vielmehr dienen sie mit ihren hakig ventralwärts gekrümmten Zähnen als Kratze oder Raspel, die die Haut des Wirtstieres
an der unmittelbar vor der Öffnung des Saugrohres gelegenen Stelle zer-
stört, entweder unabhängig von den in ähnlicher Weise tätigen Mandibeln oder aber, indem sie das von diesen in die Haut des Wirtstieres
gezwickte und gebohrte Loch erweitern und vertiefen. Aus der Form

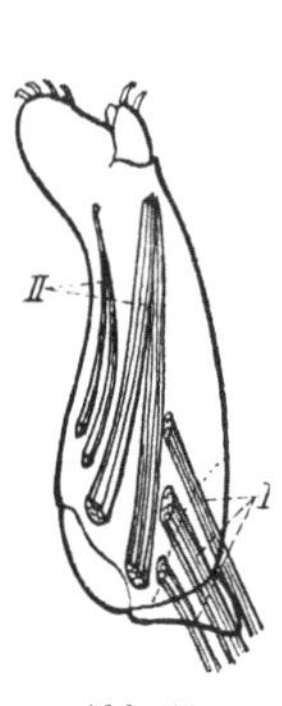
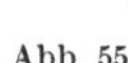
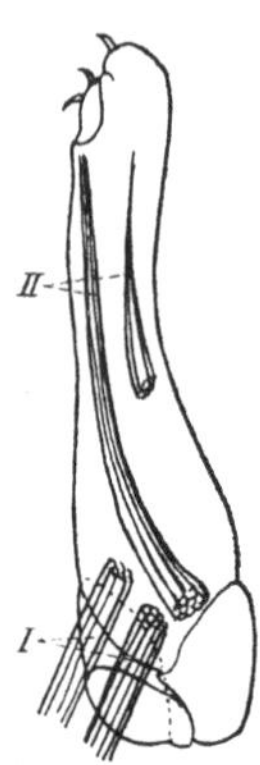

Abb. 55.   Abb. 56.

Abb. 55. *Aega psora* L., ♂, rechte Maxille, Ventralseite, Muskulatur eingezeichnet. *I* der Verfestigung des Gliedes an der Kopfkapsel dienende Muskeln, *II* zur Bewegung der distalen Partie
der Maxille dienende Muskeln. Vergr. 16✕. Vgl. Abb. 51, *VI*, *VIII*. — Abb. 56. *Rocinela danmoniensis* LEACH, ♂, linke Maxille. Erklärungen wie bei Abb. 56. Vergr. 24✕.

ihrer Zähne geht hervor, daß die Maxillulae die Arbeit leisten bei ihrer
Rückwärtsbewegung; und so wird auch klar, daß die Muskeln, die die
Maxillula wieder an ihre ursprüngliche Lage zurückführen, stärker sein
müssen, als diejenigen, die ihre Streckung herbeiführen.

Von den Maxillen war schon oben gesagt, daß sie zumindest während
der Nahrungsaufnahme keine Bewegungen ausführen dürfen, da sie am
Zustandekommen des Saugrohres unmittelbaren Anteil nehmen und nicht,
ohne dessen Dichtigkeit zu gefährden, ihre Lage verändern dürfen. Dementsprechend findet sich auch nur ein Muskel, der aus der Maxille, wo er
ein gutes Stück vor ihrem hinteren Rande innen ansetzt, in das Kopfinnere eintritt und schräg nach innen und dorsalwärts gerichtet zum Vorderrande der großen vertikalstehenden Verbreiterung des Innenskelettes
führt, an dem er festgewachsen ist (Abb. 51, *VIII*; 55, 56, *I*). Aus der
Richtung dieses Muskels zur Maxille wird klar, daß sein Zug in dorso-

ventraler Richtung wirken muß, wodurch die Maxillen fest an die ventrale Kopfseite angedrückt werden. Dann aber wirkt sein Zug auch von außen nach innen und preßt so die Maxillen möglichst fest gegeneinander.

Außerdem befinden sich im Inneren des Gliedes noch Muskeln, die dem bei *Aega* und *Rocinela* durch eine querlaufende Falte abgesetzten distalen Ende der Maxille eine gewisse Beweglichkeit verleihen (Abb. 55, 56, *II*).

Bei *Aega* ist ein ziemlich kräftiger, zweiteiliger Adduktor vorhanden, der einigermaßen parallel dem inneren Rande der Maxille verläuft und im distalen Teil der Maxille nahe dessen Innenrande ansetzt, hier ebenso wie an seinem Ausgangspunkte auf der Ventralseite der Maxille. Der Abduktor ist viel schwächer; er liegt nahe dem äußeren Rande der Maxille und setzt in ihrem distalen Teil erst nahe dem vorderen Maxillenrande an. Diese Muskeln vermögen den Distalteil der Maxille ein wenig in der Querrichtung zu bewegen. Da nun aber der Endteil der Maxille, wie erwähnt, unter einem Winkel von 30⁰—45⁰ in die Vertikale herumgedreht ist, so daß der bewehrte Innenrand am weitesten ventralwärts liegt, erfolgt in Wirklichkeit die durch die beschriebene Muskulatur bewirkte Bewegung des distalen Maxillenteiles in schräger Richtung. Dabei wird dann also durch den Adduktor der mit hakig nach unten und hinten gekrümmten Zähnen besetzte Innenrand des Maxillenendes ventralwärts und nach innen geführt. Bei *Rocinela* findet sich eine ganz ähnliche, wenn auch weit schwächere Muskulatur.

Bei *Anilocra* und *Cymothoa* jedoch ist mir nicht gelungen, einen dem Abduktor für das distale Maxillenglied bei den Aeginen homologen Muskel zu finden. Dann ist auch nicht festzustellen, ob der bei ihnen noch vorhandene Adduktor wirklich in der Weise wie bei den Aeginen funktioniert. Denn, wie es scheint, ist bei *Anilocra* und *Cymothoa* der Distalteil der Maxille gar nicht selbständig beweglich; jedenfalls ist er hier nicht gegen den übrigen Maxillenteil durch eine Falte im Chitin oder sonst irgendwie abgesetzt. Es ist möglich, daß bei diesen Cymothoinen die Einrichtung der selbständigen Beweglichkeit des Maxillenrandes rudimentär ist. Dafür könnte in gewisser Weise aus im Anschluß an die Maxillipedenfunktion und die Nahrungsaufnahme zu erörternden Gründen die Verschiedenartigkeit sprechen, mit der bei Aeginen und Cymothoinen die Maxillipeden ihre Aufgaben erfüllen, ferner wenigstens für *Cymothoa* die Beschaffenheit des Distalteiles der Maxillen, die ja hier ohne größere Bewehrung sind, aber sehr weich und schwammig aufgetrieben, am Rande filzartig durch ganz kurzen und dichten Haarbestand.

Auf die Funktion der Maxillen wird dann im Zusammenhang mit der der Maxillipeden eingegangen werden.

Aus dem Maxillipeden (Abb. 57—59) tritt ins Kopfinnere überhaupt kein Muskel ein, sie sind ganz unbeweglich an der ventralen Kopfseite befestigt. Bei *Aega* und *Rocinela* ist die Öffnung an der Dorsalseite der Maxillipedenbasis deutlich größer als die aus der Kopfkapsel in diese Gliedmaßen führende Öffnung, so daß ein starker vertikalgerichteter Muskel von der ventralen Wandung der Maxillipeden unmittelbar dorsalwärts zur ventralen Bedeckung der Kopfkapsel führen kann, an die er dann von außen ansetzt (Abb. 57, 58, *I*). Daneben existieren noch einige kleinere Muskeln, die ebenfalls von der Ventralwand der Maxillipeden

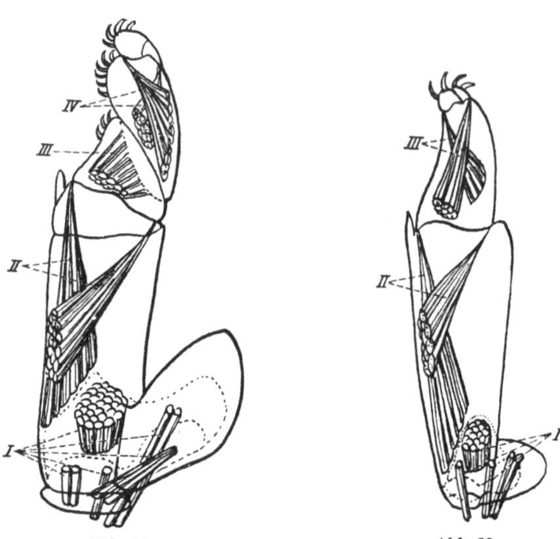

Abb. 57.   Abb. 58.

Abb. 57. *Aega psora* L., ♂, linker Maxillipes, Ventralseite. Muskulatur eingezeichnet. Die dünn gestrichelten Linien geben den Umfang der auf der Dorsalseite gelegenen Öffnung des Maxillipes an, sowie den Umfang der aus dem Innern der Kopfkapsel in den Maxillipes führenden kleineren Öffnung. (Vgl. Abb. 28, 46.) *I* Haftmuskeln des Maxillipes an der Kopfkapsel. Der umfangreichste von ihnen verläuft senkrecht von der Ventralwand des Maxillips zur Ventralwand der Kopfkapsel, an die er von außen ansetzt, was durch die verschiedene Größe der Maxillipesöffnung und der entsprechenden Kopfkapselöffnung ermöglicht wird, *II* Beweger des Maxillipedenpalpus, *III* Muskel, dem *musc.P₂* (Abb. 25) des Maxillipeden von *Cirolana* entsprechend, bewerkstelligt eigentlich eine Beweglichkeit der 2 distalen Palpusglieder in der Vertikalen; da diese aber selbst um ihre Längsachse in die Vertikale gedreht sind, kommt doch eine seitliche Bewegung zustande, aus der infolge der Lage der Drehungsachse ein Andrücken der distalen Palpusglieder an den Mundgliedmaßenkegel sowie ein Intätigkeitsetzen von deren Randbewehrung resultiert. *IV* Beweger der zu einem Stück verwachsenen beiden letzten Palpusglieder. Vergr. 19×.
Abb. 58. *Rocinela danmoniensis* LEACH, ♂, linker Maxillipes, Ventralseite, Muskulatur eingezeichnet. *I, II* wie bei Abb. 57. *III* Beweger der beiden letzten zu einem Stück verwachsenen Palpusglieder. Vergr. 28×.

und von der des Epipoditen ihren Ursprung nehmen und zum Hinterrand der Öffnung in der Kopfkapsel ziehen (Abb. 57, 58, *I*). Allen diesen Muskeln kommt eine rein adduktive Tätigkeit zu. Die Praecoxa ist bereits hinter der in die Maxillipeden führenden Kopföffnung an die Kopfkapsel festgewachsen, von Muskulatur konnte ich in ihr nichts feststellen. Bei *Anilocra* als Vertreter der Cymothoinen entspricht die Größe der unmittelbar am hinteren Rande gelegenen schlitzförmigen Öffnung der Maxillipeden in der Größe derjenigen, die aus der Kopfkapsel in diese

Gliedmaßen führt. Drei ziemlich kräftige Muskeln dienen der Verfestigung des Grundgliedes der Maxillipeden an der Kopfkapsel: zwei davon kommen von der Ventralwand nahe dem vorderen Rande des Gliedes, einer von seiner nach innen liegenden zapfenförmigen Ausbuchtung (Abb. 59, *I*). Sie alle setzen nebeneinander, zum Teil untereinander, am Hinterrand der Kopfkapselöffnung an. Diese Muskeln sind im Verhältnis kräftiger, als die entsprechenden bei den untersuchten Aeginen. Das rührt vielleicht davon her, daß bei diesen die Maxillipeden mit viel breiterer Grundfläche und also fester an den Kopf angewachsen sind, als bei *Anilocra*, weshalb sie hier wohl eine stärkere Verfestigung durch Muskeln brauchen. In dem langen zweiten Maxillipedengliede liegen bei Aeginen und Cymothoinen je zwei kräftige Muskeln, die der Bewegung des Palpus dienen (Abb. 57—59, *II*). Immer liegt die Hauptmasse beider Muskeln übereinander an der Innenseite des Gliedes, da nur dort durch die bedeutende leistenartige Auftreibung der Dorsalseite genügend Raum für die Entwicklung von Muskeln geboten wird. Beide Muskeln erstrecken sich fast durch das ganze Glied. Der Adduktor setzt an der Dorsalwandung an und läuft in eine schmale Sehne aus, die sich hinter der Mitte schräg nach außen zum basalen Rande des ersten Palpengliedes hinüberzieht. Der Abduktor setzt an der Ventralwandung an und läuft parallel zum Innenrande des Gliedes zum am weitesten nach innen gelegenen Punkt des Basalrandes des ersten Palpengliedes. Bei *Aega*, die noch einen deutlich abgegliederten

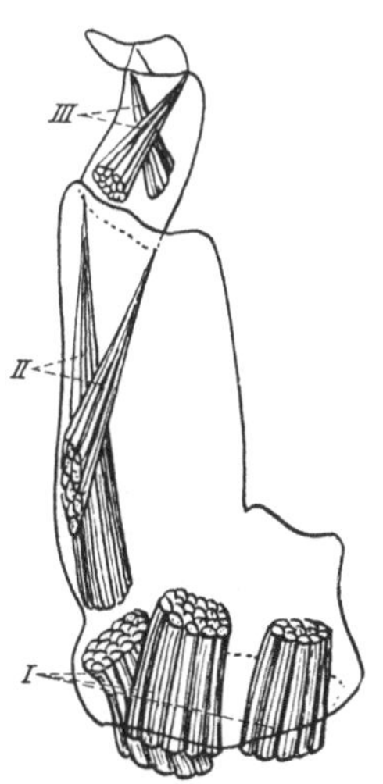

Abb. 59. *Cymothoa oestrum* L., ♂, linker Maxillipes, Ventralseite. Muskulatur eingezeichnet. *I* Haftmuskeln des Maxillipeden, *II* Beweger des Palpus, *III* Beweger des letzten Palpusgliedes. Vergr. 28×.

Baspoditen besitzt, ziehen die Muskeln durch diesen, der keine eigene Muskulatur und Beweglichkeit hat, hindurch zu ihren Ansatzstellen am ersten Palpusgliede. Die im Palpus befindliche Muskulatur besteht bei *Rocinela* und den Cymothoinen, wo er ja nur mehr aus zwei gegeneinander beweglichen Gliedstücken sich zusammensetzt, aus den Bewegern des letzten Palpusgliedes. Diese beiden Muskeln kreuzen sich; der stärkere, der das Ende des letzten Palpusgliedes von innen nach außen bewegt und damit dessen Bewehrung in Wirkung treten läßt, liegt an der Kreuzung ventral von dem anderen (Abb. 58, 59, *III*).

Bei *Aega* liegen wegen der noch vorhandenen reicheren Gliederung des Maxillipedenpalpus die Verhältnisse etwas komplizierter. Wie bei *Cirolana*, wird das zweite Glied des Palpus durch einen, adduzierend wirkenden Muskel nicht seitlich, wie das erste Palpusglied, sondern im Verhältnis zur Ebene des Palpus von oben nach unten bewegt. Dieser Muskel setzt ziemlich schmal an der Ventralwandung des 1. Palpusgliedes an und ist in breiter Ausdehnung am dorsalen Rande der Basis des zweiten festgewachsen. Infolge der zur Längsrichtung des Palpus außerordentlich schrägen Lage der Basis des zweiten Palpusgliedes, ferner infolge der Krümmung des gesamten Palpus um den Mundwerkzeugkegel unter gleichzeitiger Drehung um seine Längsachse in die Vertikale wird durch einen Zug des beschriebenen Muskels der bewehrte Innenrand der distalen Palpusglieder seitwärts nach außen gedrückt, wodurch seine ventralwärts nach außen gekrümmten Zähne in Tätigkeit treten. Der ganze Vorgang ist nur an Hand der Zeichnungen recht zu verdeutlichen (Abb. 57, *III*). Die zu einem festen Stück verwachsenen beiden Palpusglieder werden wieder im Sinne des Palpus seitlich bewegt, wodurch dann wegen seiner Vertikaldrehung eine Bewegung von oben nach unten wird. Der Adduktor für diese Bewegung ist sehr kräftig und füllt fast das ganze zweite Palpusglied aus, wo er längs des Außenrandes an die Ventralwandung ansetzt, der Abduktor ist wesentlich schmäler und wirkt von der Dorsalwand aus (Abb. 57, *IV*).

Die Funktion der Maxillipeden und Maxillen liegt nicht darin, in derselben Weise, wie die Mandibeln und Maxillulae angriffsmäßig auf die Haut des befallenen Wirtstieres einzuwirken, trotz ihrer zumindest bei den Aeginen starken Bewehrung. Von ihnen geschlagene Wunden, aus denen die Säfte des Wirtstieres austreten könnten, hätten schon deshalb für den Parasiten wenig Sinn, weil sie ja nicht unmittelbar vor die Öffnung des Mundwerkzeugkegels und damit des Saugrohres, sondern daneben zu liegen kämen, wodurch ihre Ausnutzung in Frage gestellt oder unmöglich gemacht würde. Wir erinnern uns, daß weiter oben den Maxillipeden die Aufgabe zugeschrieben wurde, den Mundwerkzeugkegel, an dessen Aufbau sie keinen unmittelbaren Anteil haben, zu verfestigen, dadurch, daß sie ihn mit den Palpen seitlich umfassen, ihn zusammendrücken und gegen die feststehende Oberlippe nach vorn anpressen. Bei den Cymothoinen sehen wir diese Aufgabe dadurch gut gelöst, daß die Enden der Maxillipedenpalpen entweder unter das fast ganz unbewegliche erste Glied des Mandibelpalpus (*Anilocra*) oder unter den distalen Rand des Labrum gestreckt waren (*Cymothoa, Nerocila, Livoneca*). Bei *Aega* und *Rocinela* sind die Maxillipedenpalpen frei um den Kegel herumgelegt, und es ist leicht einzusehen, daß sie auf diese Weise keinen genügenden Druck werden entfalten können. Auch sie brauchen für die letzten Palpenglieder selbst einen Stützpunkt, wie sie ihn bei den Cymothoinen durch Teile anderer Mundwerkzeuge des eigenen Tieres finden, um ihrer Aufgabe gerecht werden zu können. Diesen Stützpunkt finden nun *Aega* und *Rocinela* in der Haut des Wirtstieres. In diese haken sich die letzten

Palpenglieder mit ihrer nach außen und ventralwärts gerichteten Bewehrung ein, wonach sie den Mundwerkzeugkegel gut von der Seite her zusammenzudrücken in der Lage sind. Dabei ist als Nebenwirkung vielleicht noch von Bedeutung, daß die Haut des Wirtstieres, die unter der Öffnung des Saugrohres liegt, gespannt wird. HANSEN (5) glaubte hierin möglicherweise die Hauptwirksamkeit der Maxillipeden erblicken zu sollen. In ähnlicher Richtung liegt auch die Aufgabe der distalen Maxillenenden. Die Maxillipedenpalpen weichen beiderseits auseinander, bevor sie das distale Ende des Mundwerkzeugkegels erreichen, dessen unmittelbar nach hinten gelegene Wandung die distalen Maxillenenden bilden. Diese bleiben also ohne Bedeckung und irgendwelchen auf sie ausgeübten Druck. Um auch an dieser Stelle einen festen Abschluß des Kegels zu erreichen, haken sich die distalen Enden der Maxillen mit ihren ventralwärts und ein wenig nach innen gekrümmten Zähnen einfach auch in die Haut des befallenen Wirtstieres ein, wodurch sie dann nicht mehr verschoben und das Saugrohr nicht mehr gelockert werden kann. Es war ja schon weiter oben gezeigt, daß die distalen Maxillenenden durch eigene Muskeln ein wenig bewegt werden können, und zwar eigentlich in der Querrichtung; doch da sie etwas in die Vertikale herumgedreht sind, verlaufen die Bewegungen in schräger Richtung, von außen schräg ventralwärts nach innen. Von Wichtigkeit ist schließlich, daß unmittelbar der Rand der Öffnung des Mundwerkzeugkegels fest an die Haut des Wirtstieres angepreßt werden kann, damit wirklich ein Aussaugen von dessen Säften stattfinden kann. Dieses feste Anpressen wird durch die Beschaffenheit der distalen Ränder von Labrum und Maxillen, die ja zusammen hauptsächlich den Rand der Öffnung des Saugrohres bilden, ermöglicht: wie erwähnt, sind sie sehr weich und mehr oder weniger schwammig aufgetrieben, zum Teil auch mit kurzer dichter Behaarung und dadurch filzartiger Oberfläche. Bei den distalen Maxillenenden von manchen Cymothoinen findet sich diese Beschaffenheit ganz besonders deutlich ausgeprägt, viel stärker als bei den Aeginen; jedoch ist dafür bei ihnen die Maxillenbewehrung stark reduziert und mitunter vollkommen obliteriert. Daher kann hier von einem „Einhaken" der distalen Maxillenenden in die Haut des Wirtstieres wohl kaum mehr die Rede sein, und der feste Zusammenhang des Saugrohres wird hier nur durch das feste Anpressen der lippenartig dicken Maxillenenden an das Wirtstier bewirkt. Damit steht dann vielleicht auch im Zusammenhang die bei den Cymothoinen zu beobachtende Reduktion der im Inneren der Maxillen liegenden Muskeln, die bei *Aega* und *Rocinela* zur Bewegung von deren distalen Enden dienen.

5. Die Saugmuskulatur des Ösophagus.

An den Mundwerkzeugen sind alle Vorbedingungen für ein wirkliches Saugen gegeben durch Bildung eines Saugrohres, dessen Öffnung fest an die Haut des Wirtstieres angepreßt werden kann, wobei die Angriffe auf diese Haut genau an der kleinen von der Öffnung des Saugrohres bedeckten Stelle erfolgen. Zu untersuchen bleibt, ob die Tiere in der Tat saugen. Dazu wird am besten die dorsale Bedeckung der Kopfkapsel und des ersten freien Thorakalsegments abgehoben, und der Vorderdarm in seinem Verlauf freigelegt nebst den etwa an ihn ansetzenden Muskeln.

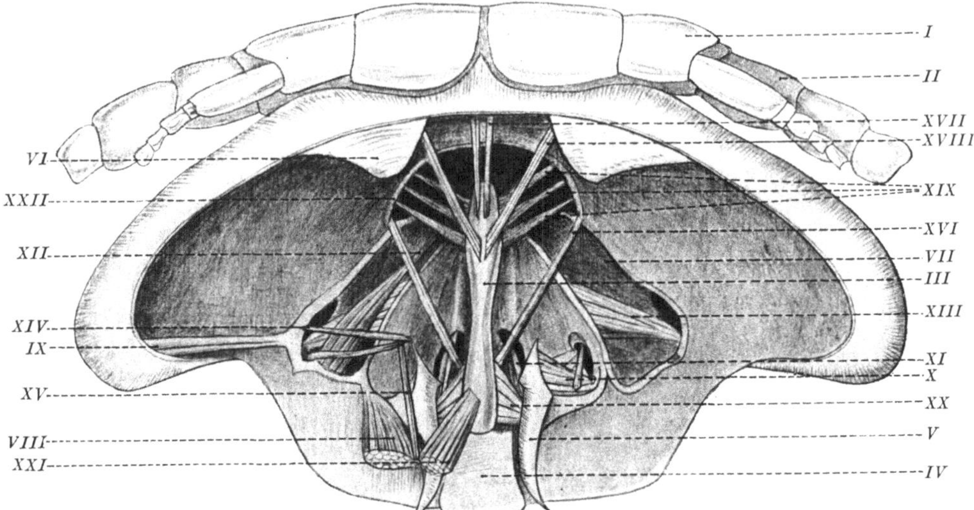

Abb. 60. *Aega psora* L., ♂. Innenansicht des Kopfes von der Dorsalseite nach Entfernung der Dorsaldecke der Kopfkapsel mit der Muskulatur der Mundgliedmaßen und der Saugmuskulatur, schematisiert. *I* 1. Antennen, *II* 2. Antennen, *III* Ösophagus, *IV* Magen, *V* Endoskelett, *VI* ins Innere des Kopfes vorspringende dachartige Überwölbungen der Antennenbasis, *VII* Corpus mandibulae, *VIII* Adductor mandibulae, *IX* Abductor mandibulae, *X* Muskelapparat der Maxillula (s. Abb. 54), *XI* Haftmuskeln der Maxille (vgl. Abb. 51), *XII* Beweger des Kaurandteiles der Mandibel (s. Abb. 52, 53), *XIII* Beweger des Mandibelpalpus, *XIV* Hilfsmuskeln des Abduktor der Mandibeln, *XV* Hilfsmuskeln des Protraktor der Maxillula, *XVI* Muskeln zur Öffnung des Magenschließapparates, *XVII* vordere Dilatatoren des ersten Schlundventrikels, *XVIII* obere seitliche Dilatatoren des ersten Schlundventrikels, *XIX* untere seitliche Dilatatoren des ersten Schlundventrikels, *XX* schräg von der Seite und von unten wirkende Dilatatoren des zweiten Schlundventrikels, *XXI* obere Dilatatoren des zweiten Schlundventrikels, *XXII* basaler Rand des Clypeus. In die Wandungen des ersten und zweiten Schlundventrikels sind Ringmuskeln eingelagert, die zur Kontraktion der Schlundventrikel dienen. Die Muskeln der Mandibeln sind hauptsächlich nur rechtsseitig, die der Maxillulae nur linksseitig gezeichnet. Vergr. 16×.

Die enge Mundspalte ist von einem kräftigen Schließmuskel eingefaßt. Im Anschluß daran steigt der sich gleich erweiternde Ösophagus fast vertikal, nur wenig schräg nach hinten geneigt, in die Höhe. In diesem Anfangsteil ist der Ösophagus in einiger Entfernung fast halbkreisförmig umgeben von dem Basalteil des Clypeus, von dem schon dargetan wurde, daß er fest und tief in das Kopfinnere eingelassen sei (Abb. 60—62, *XXII*). Dessen Basalrand liegt demnach wesentlich weiter dorsal als die Mundspalte und befindet sich in fast der gleichen Höhe mit der Erweiterung des Ösophagus. An diese Erweiterung sezten von allen Seiten her Muskeln an, die dazu dienen, ihre Wandungen auseinanderzuziehen und so den Binnenraum des Ösophagus zu erweitern. Dicht hinter der Mundspalte setzen jederseits zwei dünne Muskelstränge an, die bei allen untersuchten Arten ihren Ursprung von dem erwähnten Basalrand des Clypeus nehmen, soweit sie nicht fehlen, wie bei *Aega* (Abb. 60—62, *XVII—XIX*). An der breitesten Stelle der Erweiterung setzen jederseits und ein wenig von unten her drei kräftige Muskelstränge an. Sie ziehen bei *Aega* und *Rocinela* ebenfalls vom Basalrand des Clypeus her, bei *Anilocra* und *Cymothoa* aber, deren Clypeus sehr viel schmäler ist, von einem beson-

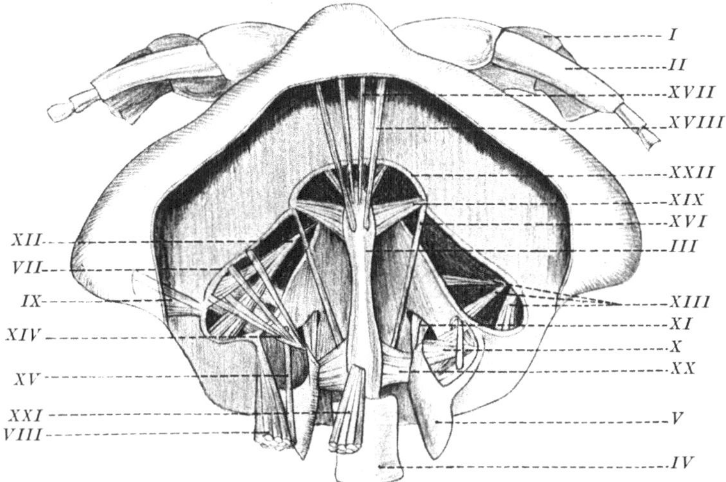

Abb. 61. *Rocinela danmoniensis* LEACH, ♂. Innenansicht des Kopfes von der Dorsalseite nach Entfernung der dorsalen Kopfkapseldecke mit Saug- und Mundgliedmaßenmuskulatur, schematisch. Sämtliche Erklärungen wie bei Abb. 60. Vergr. 16×.

deren Zinken, der jederseits neben der Clypeusbasis frei ins Kopfinnere von der Ventralwandung der Kopfkapsel aus vorspringt (Abb. 63, *VI*). Den zur räumlich möglichst ausgedehnten Erweiterung auch auf die Dorsalwandung des Ösophagus an dieser Stelle notwendigen Zug besorgen zwei Muskelpaare. Von diesen reicht das innere langgestreckt bis fast in die äußerste Spitze des Kopfes nach vorn, wo es festgewachsen ist. Das äußere verläuft schräg nach auswärts in Richtung auf die Fühlerwurzeln. In deren Nähe setzt es bei *Rocinela* an die Kopfkapsel an, bei *Aega* und *Cymothoa* aber an den hinteren Rand einer ins Kopfinnere vorspringenden schalenförmigen Bedachung der Basis beider Antennen (Abb. 60—62, *XVII—XIX*). In seinem weiteren Verlaufe nach hinten wird der Ösophagus enger, es befindet sich hier die Stelle seines Durchtritts durch den Schlundring der Kopfganglien. Gleichzeitig steigt er dorsalwärts schräg nach oben und geht in den Magen über, der ziemlich nahe der Dorsaldecke der Kopfkapsel und zwischen den flächig entwickelten Elementen des Innenskelettes liegt. Kurz vor dem Magen ist der Ösophagus auch wieder erweiterungsfähig durch vier verschiedene Muskeln, die seitlich schräg nach unten und nach oben wirken. Jene

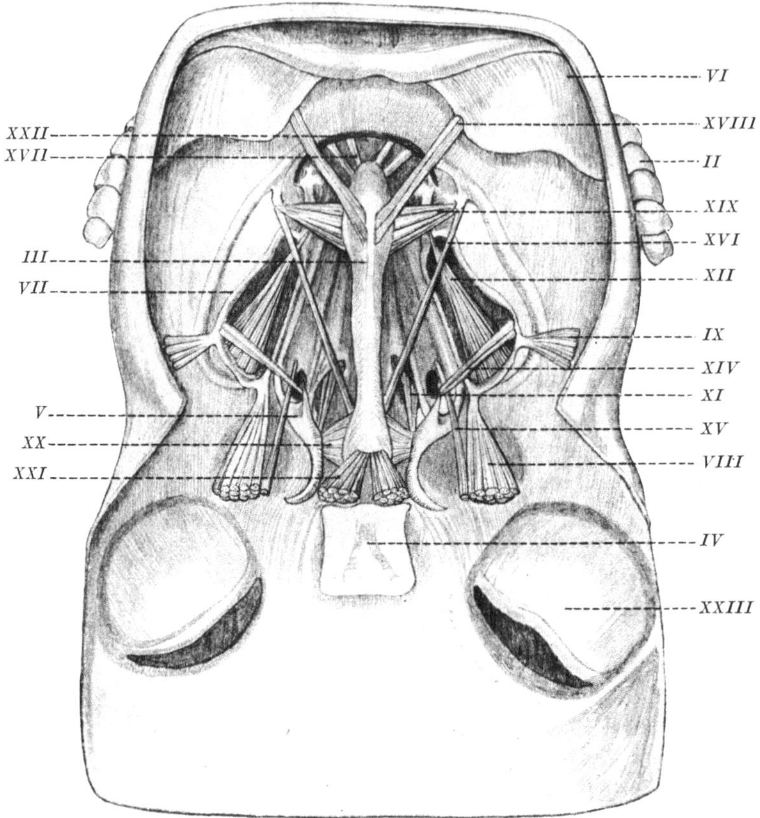

Abb. 62. *Cymothoa oestrum* L., ♀. Dorsalansicht des Kopfes von innen nach Entfernung der dorsalen Kopfkapselbedeckung mit Saug- und Mundgliedmaßenmuskulatur, schematisch. Erklärungen wie bei Abb. 60. *XXIII* Ansatzstellen der Maxillipeden. Muskulatur der Mandibeln beiderseits, die der Maxillulae gar nicht eingezeichnet. Vergr. 16×.

gehen von den vertikalstehenden, großen und schalenförmigen Verbreiterungen des Innenskelettes aus, wo sie nahe deren vorderem Rande ansetzen, die anderen wirken von der Dorsaldecke der Kopfkapsel her (Abb. 60—62, *XX*, *XXI*).

6. Der Magen und sein Schließapparat.

An der Ventralseite des Magens liegt ein Filterapparat an der Einmündungsstelle der Leberschläuche, der in seinem Äußeren genau dem bei *Cirolana* beobachteten ähnelt. Auch hier ist er von einer ösenförmigen

Chitinspange eingefaßt, von deren vorderem Rande nach jeder Seite ein dünner langgestreckter Muskel bei *Aega* und *Rocinela* zu den seitlichen Ecken der Clypeusbasis verläuft, bei *Anilocra* und *Cymothoa* zu den neben dieser an der Kopfventralseite befindlichen Zinken. Eine genauere Untersuchung des Apparates gestattete die schlechte histologische Erhaltung des Materials nicht. Doch scheint bei den Parasiten der ösenförmigen Chitinspange noch die Funktion zuzukommen, den Magen gegen den Ösophagus hin abzuschließen.

Bei *Anilocra*, für die die Verhältnisse genauer untersucht wurden, war folgendes festzustellen (Abb. 64—66): Die ventrale Wandung des deut-

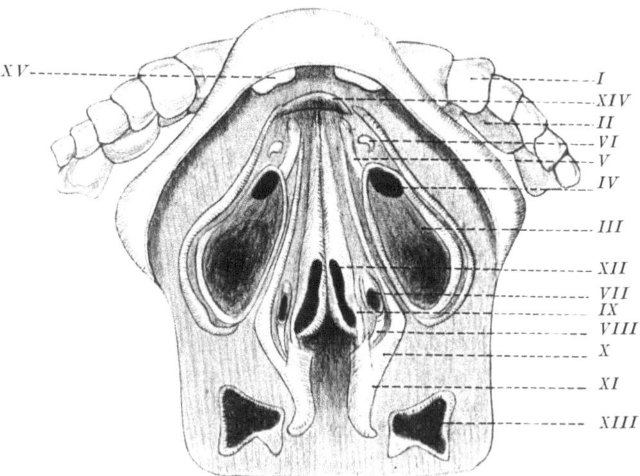

Abb. 63. *Anilocra mediterranea* LEACH, ♂. Dorsalansicht des Kopfinnern nach Entfernung der Dorsaldecke der Kopfkapsel. Alle Weichteile sind entfernt. *I* 1. Antennen, *II* 2. Antennen, *III* Corpus mandibulae, *IV* Ansatzstelle des Palpus an die Mandibel, *V* Verbindungsstück zwischen Corpus mandibulae und ihrem Kaurandteil, *VI* ins Innere des Kopfes erhobene Ansatzhaken für die oberen seitlichen Dilatatoren des ersten Schlundventrikels (vgl. Abb. 62), *VII* Durchtrittsöffnung der Maxillula mit dem basalen Teil ihres 3. Gliedes, *VIII* 1. Glied (Praecoxa) der Maxillula, *IX*, *X* Brücken zwischen Endo- und Ektoskelett des Kopfes, *XI* Endoskelett, *XII* Ansatzstelle der Maxille, *XIII* Ansatzstelle des Maxillipeden, *XIV* basaler Rand des Clypeus, *XV* ins Kopfinnere vorspringende dachförmige Überdeckung der Antennenbasis. Vergr. 16×.

lich verbreiterten Magens ist von einem ungefähr viereckigen, im einzelnen eigentümlich gestalteten Rahmen eingefaßt, der jedoch nach hinten nicht geschlossen ist. Dieser Rahmen besteht aus vier unterscheidbaren Einzelelementen, die vielleicht als Reste der reduzierten sogenannten „Stücke" anzusprechen sind, wie sie sich sonst in den Mägen von Isopoden finden. Da die ventrale Magenwandung von der weit dorsal gelegenen Eintrittsöffnung des Ösophagus aus steil ventralwärts ab fällt (während die dorsale weiter parallel zur Rückenbedeckung des Kopfes bleibt), ist auch der erwähnte Chitinrahmen, der in sich noch winklig gekrümmt ist, schräg, beinahe schon ganz vertikal gestellt. Zwischen die

Enden der schräg nach hinten und unten frei auslaufenden Seitenleisten dieses Rahmens ohne hinteren Abschluß ist jene ösenförmige Chitinspange, die den Endteil des Ausführganges der Leberschläuche bedeckt (wie bei *Cirolana*), mit ihrem Hinterrande so befestigt, daß sie sich in der Vertikalen drehen kann. Dabei dient ihr der hintere Rand gewissermaßen als Achse. Diese ösenförmige Chitinspange ist kürzer und nach vorn zu schmäler als der Chitinrahmen in der Ventralwandung des Magens, zwischen dessen hinteren Enden sie drehbar angeordnet ist. Sie kann also mit ihrem Vorderrande durch den Vorderteil jenes Rahmens hindurch in das Innere des Magens eingeschlagen werden, was die zwischen dem Rahmen befindliche sehr weite und faltige dünne Ventralhaut des Magens gestattet. In der Tat kann sie soweit in das Mageninnere hereingedreht werden, daß ihr Vorderrand sich an die Dorsalwand des Magens von innen anlegt, wodurch die Öffnung zwischen Ösophagus und Magen vollkommen versperrt wird.

Muskeln, die das Hineinschlagen der ösenförmigen Chitinspange in das Kopfinnere bewerkstelligen, waren nicht aufzufinden. Möglicherweise ist der auf diese Art bewirkte Verschluß des Magens nach vorn der Normalzustand, in den der gesamte Apparat vermöge seiner elastischen Konstruktion wieder zurückkehrt, sobald der Zug der Muskeln, die diesen Verschluß aufheben, nachläßt. Die Aufgabe des Öffnens der Verbindung zwischen Ösophagus und Magen kommt jenen schon beschriebenen Muskeln zu, die vom Vorderrande der Chitinspange nach den Ecken der Clypeusbasis oder den neben ihnen befindlichen freien Zinken an der Ventralwand der Kopfkapsel verlaufen. Sie ziehen den Vorderrand der wie die Ventralwand des Magens und der in ihr enthaltene Rahmen fast vertikalstehenden Chitinöse nach vorn und damit aus dem Magen heraus, womit der Weg vom Ösophagus in den Magen frei wird.

Neben diesen Funktionen scheint der Apparat auch noch diejenigen zu haben, die von den homologen Einrichtungen bei *Cirolana* beschrieben wurden (Abb. 26, 27). Schließmuskeln für den unter der Chitinöse (Abb. 26, 27, *IV*; Abb. 64—66, *III*) liegenden Endteil des Ausführungsganges der Leberschläuche wurden bei *Aega* angetroffen in derselben Anordnung wie bei *Cirolana* (Abb. 26, 27, *V*), und es ist anzunehmen, daß sie auch bei den übrigen untersuchten Formen vorhanden sind. Dann würde bei den Aeginen und Cymothoinen durch Öffnung des Mageneingangs vermittels der dazu bestimmten Muskeln (Abb. 64—66, *VI*) gleichzeitig auch die ventrale Magentasche (Abb. 26, 27, *III*) geöffnet werden, in die aus dem Leberausführgange die Sekrete der Leber zunächst eintreten. Es würden demnach also jeweils gleichzeitig Nahrungssäfte aus dem Ösophagus und Sekrete aus dem Hepatopancreas in den Magen gelangen.

Die von der Saugmuskulatur bei Verschluß des Mageneingangs in den

Ösophagus durch die Mundspalte eintretende Säfte müssen dann nach weitestmöglicher Ausdehnung des Ösophagus in den Magen befördert werden. Das geschieht in der Weise, daß der Mundspaltenschließmuskel in Wirkung tritt, der Durchgang von Ösophagus zum Magen geöffnet wird und nun Muskeln ihre Tätigkeit ausüben, die den Ösophagus entleeren. Das besorgen eine Anzahl sehr feiner Muskelstränge, die ring-

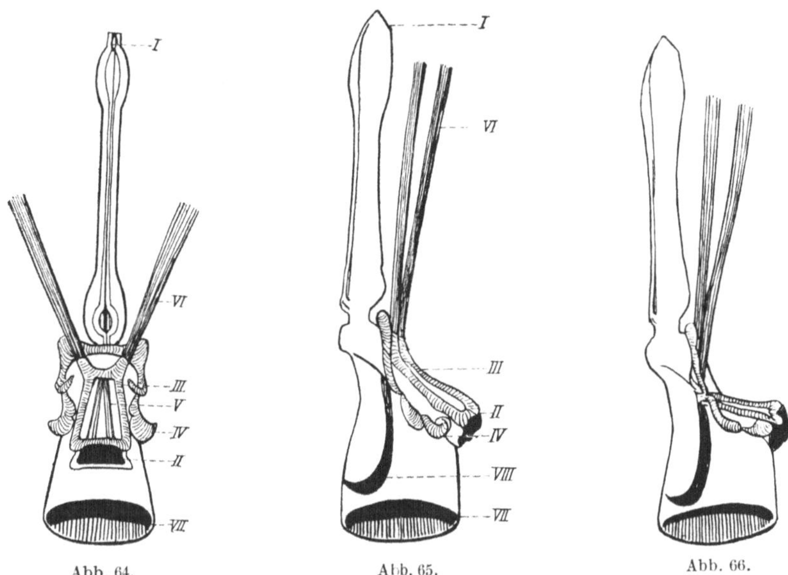

Abb. 64.   Abb. 65.   Abb. 66.

Abb. 64. Ösophagus und Magen von *Anilocra mediterranea* LEACH, Ventralansicht. *I* Eingang in den Ösophagus, *II* Endteil des unpaaren Ausführungsganges der Leberschläuche, *III* auf dem Ausführgang der Leberschläuche liegende Chitinspange, *IV* Chitinrahmen an der Ventralseite des Magens, vielleicht Rudimente der sog. „Stücke“. Die Chitinspange *III* ist um die hinteren freien Enden des Chitinrahmens *IV* als Angeln in der Vertikalen drehbar, *V* innerhalb der Chitinspange *III* ausgespannte Muskeln, *VI* vom Vorderrande der Chitinspange zur Ventralseite der Kopfkapsel verlaufende Muskeln (vgl. Abb. 60—62, *XVI*), *VII* Lumen des Magens. Vergr. 25 ✕. — Abb. 65. Ösophagus und Magen von *Anilocra mediterranea* LEACH, Seitenansicht, Mageneingang offen. Erklärungen wie bei Abb. 64. (*V* bei Abb. 65, 66 nicht gezeichnet.) *VIII* Chitinfalten an der Dorsalseite des Magens, zwischen deren Anfangsteile die Chitinspange *III* bei Schließung des Magens eingreift. Vergr. 25✕. — Abb. 66. Dasselbe wie Abb. 65. Mageneingang durch die auf dem Ausführgange der Leberschläuche liegende Chitinspange geschlossen. Die Abb. stellt die durch die Elastizität des Apparates bewirkte Normallage dar; die Öffnung des Magens erfolgt aktiv durch Muskeln (*VI*). Außerdem sind an diesem Schließapparat des Magens noch sämtlichen weiteren, für den homologen Apparat von *Cirolana* angebenen Einrichtungen zu beobachten, nämlich die Magenwandtasche und die Schließmuskeln des Endabschnitts des Leberausführganges. Vergr. 25✕.

förmig um den Ösophagus in dessen Wandungen liegen, und zwar nicht über seine ganze Länge, sondern nur an den beiden erweiterungsfähigen Partien dicht hinter der Mundspalte und vor dem Mageneingang. Die ganze Einrichtung, die den Ösophagus der Aeginen und Cymothoinen zum Saugen befähigt, ähnelt der, die durch MONOD (10) von den Pranizae der Gnathiiden bekannt gemacht wurde.

E. Zusammenfassung der Ergebnisse.

Die Mundteile der Cirolaninen sind kauend, von den Mandibel-schneiderändern abgetrennte Nahrungsbrocken werden in einer durch die Anlage des Labium und der Mandibelschäfte gebildeten „Futter-grube" zerkleinert, an deren muskulösem Boden die längsgespaltene Mundöffnung liegt. An der Nahrungszerkleinerung nehmen tätigen An-teil die Maxillulae und Partes moiares sowie Laciniae mobiles der Man-dibeln, wobei die beiden letztgenannten Paare von Mandibelkomponenten nicht beiderseits gegeneinander, sondern unabhängig voneinander gegen den Boden der Futtergrube wirken, was ihre symmetrische Ausbildung bei den Cirolaninen zur Folge hat. Maxillen und Maxillipeden dienen zum Halten der Nahrung bei der Zerkleinerung und zu ihrer Zurückhaltung in der Futtergrube. Die Nahrung wird weiter zerkleinert im geräumigen sehr muskulösen, gegen den Magen durch Quermuskeln verschließbaren Ösophagus. Der Magen entbehrt aller für die Malacostraken typischen sogenannten „Stücke". Der unpaare Mündungsgang der Leberschläuche führt durch Filtervorrichtungen in eine mit besonderen Muskeln zu öffnende Tasche der Magenwand; das Ende des Mündungsganges selbst stellt einen durch selbständige Muskeln verschließbaren und durch Mus-kelkraft entweder zu öffnenden oder aber nach Verschluß zu entleeren-den Apparat dar.

Die Mundwerkzeuge der Cymothoinen und Aeginen sind saugend. Morphologische Übergänge von kauenden zu saugenden Mundwerkzeugen scheinen bei den Corallaninen und Baiybrotinen gegeben zu sein. Labrum, Labium und die distalen Maxillenenden bilden einen festgefügten, an seiner Spitze mit einer Öffnung versehenen Kegel, zu dessen Verfestigung, zum Teil nur während des Saugaktes, die Maxillipedenpalpen dienen und häufig, auch nur während des Saugaktes, die distalen Maxillenenden. Dieser Kegel enthält die distalen frei beweglichen Enden der Mandibeln und der Maxillulae, die aus seiner Öffnung heraus zum Angreifen und Zerstören der Haut des Wirtstieres dienen. Zugleich bildet er das Saug-rohr, das in die verschließbare Mundspalte mündet. Die Saugwirkung entfaltet der an zwei Stellen aktiv zu erweiternde Ösophagus, der durch Kontraktion an eben diesen Stellen vermittels von Ringmuskeln auch aktiv zu entleeren ist. Der häutige Magen enthält an seiner Ventralseite vielleicht durch Reduktion der „Stücke" entstandene stärker chitinisierte Elemente und ist gegen den Ösophagus auf eigenartige Weise verschlossen durch den am Ende des unpaaren Ausführganges der Leberschläuche wie bei den Cirolaninen zu beobachtenden und wahrscheinlich auch funk-tionierenden Schließapparat.

F. Literaturverzeichnis.

1. **Bate, C. Sp.** a. **Westwood, J. O.:** A History of the British Sessile-eyed Crustacea, II. London 1868. — 2. **Bleeker, P.:** Recherches sur les Crustacés de l'Inde archipélagique. Acta Soc. Indo-Néerl. II. Batavia 1857. — 3. **Giesbrecht, W.:** Crustacea. In: H. Lang, Handbuch der Morphologie der wirbellosen Tiere, 2. u. 3. Aufl. von Arnold Lange, Lehrbuch der vergleichenden Anatomie der wirbellosen Tiere **4.** Jena 1913. — 4. **Graham, H. Cannon,** a. Miß **Manton, G. M.:** On the Feeding Mechanism of a Mysid Crustacean, Hemimysis lamornae. Trans. Roy. Soc. Edinburgh **55** (1927). — 5. **Hansen, H. J.:** Cirolanidae et familiae nonnullae propinquae Musei Hauniensis. Danske Selsk. Skr., Ser. 6, **5.** Kjøbenhaven 1890. — 6. Zur Morphologie der Gliedmaßen und Mundteile bei Crustaceen und Insekten. Zool. Anz. **16.** Leipzig 1893. — 7. Oversigt over de paa Dijmphna-Togtet indsamledge Krebsdyr. In: Dijmphna-Togtets Zool.-bot. Udbytte. Kjøbenhavn 1886. — 8. Studies on Arthropoda. II. Copenhagen 1925. — 9. **Miers, F. J.:** On a collection of Crustacea from the Malaysian Region, Part IV. Ann. of natur. Hist., 5. Ser., **5.** London 1880. — 10. **Monod, Th.:** Les Gnathiidae. Essai monographique (Morphologie, biologie, systématique). Mém. Soc. Sci. Natur. Maroc, Nr 13. Rabat 1926. — 11. **Richardson, H.:** Monograph on the Isopods of North America. Bull. U. S. Mus., Nr 5. Washington 1905. — 12. **Schiødte, J. C.:** Krebsdyrenes sugemund. Naturh. Tidsskr., Ser. III, 4/10. Kjøbenhavn 1866, 1875. — 13. **Schiødte, J. C.** u. **Meinert, F.:** De Cirolanis Aegas simulantibus. Ebenda **12.** Kjøbenhavn 1879. — 14. Symbolae ad monographium Cymothoarum, Crustaceorum Isopodum Familiae. Ebenda **12, 13, 14.** Kjøbenhavn 1881, 1883, 1884. — 15. **Thiele, J.:** Betrachtungen über die Phylogenie der Crustaceenbeine. Z. Zool. **82.** Leipzig 1905. — 16. **Vanhöffen, E.:** Die Isopoden der deutschen Südpolarexpedition 1901—1903. Dtsch. Südpolexped. 1901—1903, **15** (Zool. Bd. 7) 1914. — 17. **Zimmer, C.:** Allgemeine Einleitung in die Naturgeschichte der Crustacea. In: Handbuch der Zoologie, eine Naturgeschichte der Stämme des Tierreichs. Gegründet von Dr. Willy Kükenthal, herausgegeb. von Dr. Thilo Krummbach **3.** Berlin 1927. — 18. Allgemeine Einleitung in die Naturgeschichte der Malakostraken. Ebenda **3.** Berlin 1927. — 19. Isopoda-Asseln. Ebenda **3.** Berlin 1927.